本当に旨い おとなの焼酎

焼酎って
楽しくて
あたたかい。

目次

Contents

04 焼酎の郷 鹿児島・宮崎 探訪

「本格焼酎」の新しい風を求めて

16 仕込みからラベリングまで 芋焼酎の造り方A to Z

18 Column なぜ焼酎は二日酔いになりにくいの?

19

知ればもっと美味しくなる焼酎の基礎知識

20 焼酎はどこからやってきた?

21 焼酎の産地はなぜ九州なのか?

22 そもそも焼酎ってどんなお酒?

23 焼酎の魅力とは?

24 焼酎産地MAP

26 原料別 本格焼酎ガイド

26 芋焼酎

27 麦焼酎/そば焼酎

28 米焼酎/黒糖焼酎

29 泡盛/ごま焼酎/しそ焼酎ほか

30 本格焼酎をもっと美味しく飲む方法

32 酒器で深まる焼酎の世界

33 「通」はラベルで焼酎を見分ける

34 座談会 ようこそ!! めくるめく焼酎の世界へ

36 達人が厳選!! 本当に旨い焼酎87選

38 芋焼酎

55 麦焼酎

61 米焼酎

65 黒糖焼酎

69 泡盛ほか

73 焼酎を買うならココ!

74 やっぱり美味しい!? 入手困難な稀少銘柄

76 スーパー&コンビニで買える定番人気銘柄レビュー

78 九州アンテナショップで探す焼酎に合う郷土の味

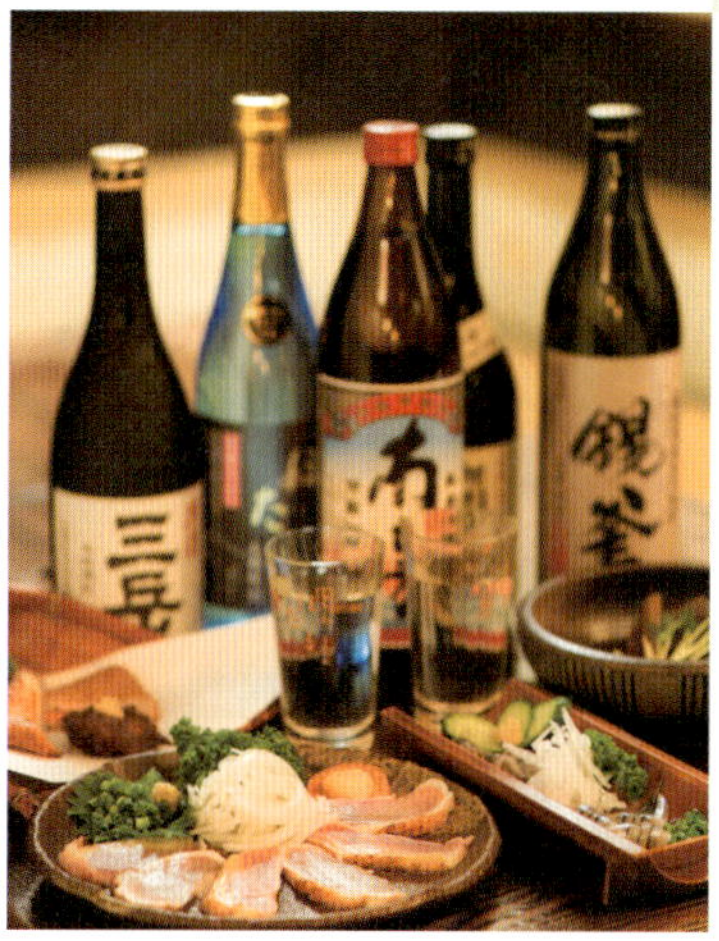

扉撮影協力店

薩摩おごじょ

「知覧特攻の母」として知られる鳥濱トメさんの味を代々受け継ぐお店。ここでしか味わえない鹿児島の郷土料理を肴に、昭和の香り漂う店内で常備100銘柄以上の焼酎を堪能できる。
住所：東京都新宿区新宿3-10-3
TEL：03-3354-9394
http://ogojyo.s504.xrea.com/

鹿児島県いちき串木野市にある大和桜酒造の酒蔵。創業以来、昔ながらの本格手造り麹を使い、すべて甕壺仕込みで仕上げる芋焼酎は、力強いがどこか丸みのある風味が特徴だ

焼酎の郷 鹿児島・宮崎 探訪

「本格焼酎」の新しい風を求めて

芋焼酎といえば、「白波」に「黒霧島」、さらに「森伊蔵」や「魔王」も知っている。

しかし、焼酎をよく知る達人は「うまい芋焼酎はまだまだある」とニヤリ。

そこで取材班は、九州の焼酎蔵を巡る旅へ。訪れたのは知る人ぞ知る実力派の蔵ばかり。

「行けばわかりますから」。達人の言葉が、耳に引っかかっていた。

取材・文／丸茂アンテナ　撮影／松隈直樹

宮崎　明石酒造　MIYAZAKI

めざしたのはロックに合うやさしい焼酎。

蒸して粉砕した原料のさつま芋「黄金千貫」を米麹からつくった“もろみ”に合わせる2次仕込みの工程。明石酒造では毎日8トンのさつま芋が仕込みに使われている

「これなんだろう?」新感覚の芋焼酎を発見

鹿児島空港に降り立つと気持ちのいい青空と乾いた秋風が出迎えてくれた。10月中旬、焼酎の酒蔵が仕込みに大忙しの時期である。レンタカーを借り、向かったのは宮崎県えびの市。今回の焼酎酒蔵巡りの1軒目、明石酒造をめざした。

芋焼酎の産地といえば鹿児島県、そして宮崎県。『さつま白波』や『黒霧島』など、コンビニでもおなじみの銘柄の故郷である。取材に先立ち、本誌の監修を依頼した焼酎の達人たちにおすすめの酒蔵を聞くと聞き慣れない名前ばかりが挙がった。そして、不安気な筆者に達人たちはにこやかにこう言った。

「行けばわかりますから」

九州自動車道を降りるとのんびりとした田園風景が広がっていた。こうべを垂れる稲穂の上を吹き抜ける風が運んでくる土の香りがグッと濃くなる。

明石酒造にたどり着くと4代目の明石秀人社長が笑顔で待っていてくれた。明治24年創業、今年で124年目を迎える伝統ある酒蔵で、現在は年間30万本の焼酎を全国に出荷している。主力銘柄である『明月』が発売されたのが、戦後の昭和

製造所の3階部分の窓から外を眺めるとのどかな田園風景が広がっていた

巨大な容器の中で“もろみ”がぐつぐつと波打つ様子が見られる。焼酎は生き物であることを実感!

明石 秀人 社長

「『明月』という銘柄名には、「飲んだ人の心が満月のようにまあるくあかるく円満に、そして平和でありますように」という願いが込められています。幸せな酔いを感じられる焼酎を届けるのが造り手の使命だと考えています」

蒸留の工程を終えた原酒をタンクで貯蔵・熟成させる。ここからろ過、割り水の工程を経て成分やアルコール度数を調整し、出荷へ

明石酒造

明治24年創業、えびの高原の原生林を伏流する良質な水と伝統の醸造技術で丁寧に焼酎を造る。酒蔵見学は年中受付。1週間前に申し込みを。仕込み期間中の8月中旬〜12月中旬がおすすめ。

住所:宮崎県えびの市大字栗下61-1

TEL:0984-35-1603 http://www.meigetsu.co.jp/

左からムラサキマサリ使用の『明月まさり』、スタイリッシュなボトルの『?ないな』、定番の『明月』、えびの市限定発売の『明月プレミアム』

蒸留し、できあがったばかりの原酒の香りを確認する製造担当の明石太暢(ひろのぶ)さん。明石酒造の若き杜氏である

25年のことだった。

「もともと地元の農家の人向けに細々と販売してたんです。飲みやすさで評価していただいて、今では全国の料亭などで取り扱ってもらっています。最近は、地元えびの産のコメを使った米焼酎と芋焼酎をブレンドした銘柄も人気ですよ」

その銘柄とは、直売所で目を引いたスタイリッシュなボトルデザインの『?ないな』。めざしたのはロックに合うやさしい焼酎。試飲させてもらうと芋焼酎の常識を覆すフルーティな味わい。なるほど、これなら水割りでもロックでもスイスイいけそう。「これなんだろう?」というのが名前の由来なのだとか。

うねる“もろみ”に「焼酎は生き物だった」

直売所の裏手にある製造所に足を踏み入れると米麹の発酵臭と蒸されたさつま芋のツンと鼻を刺す香りに包まれた。見せてもらったのは、蒸した芋を粉砕し、米麹と合わせる「2次仕込み」の作業。その傍らでは、蒸留前の焼酎の素にあたる「もろみ」が巨大な容器の中であふれんばかりにうねっている。微生物恐るべし……。焼酎は生き物であることをしっかり思い知らされた。

宮崎といえば地頭鶏 焼酎との相性も抜群

取材中、面白い話を耳にした。えびのには、焼酎の神様がいて、焼酎を供えると参拝者の願いをひとつだけ叶えてくれるという。

明石酒造で道を聞き、向かった先は、地元で「金松さぁ」の愛称で親しまれている「金松法然」という御堂。パワースポットとして人気を呼び、近年は県外からも観光客が訪れるのだとか。現地で線香を焚き、持参した小さなボトルの焼酎をお供えして、ちゃっかり祈願。「参拝セット」は明石酒造で購入できる。

焼酎の神様への挨拶を済ませると宿をとっていたえびの市内の京町温泉郷へ。賑やかとは言い難いが、レイドバックな雰囲気がせわしい都会からやってきた身にはほっとする。晩酌の場所に選んだのは、明石酒造の統括部長・新出水祐一さんの行きつけだという温泉街の居酒屋『たくちゃん』。名物のみやざき地頭鶏《じとっこ》のたたきは、噛むほどに甘みの奥行きが広がる素材の実力が光る逸品。まーるい口当たりの『?・ないな』のロックとの相性も抜群だ。そのまま、まるで金色の稲穂に包まれるようなやわらかい夜は更けていった。

MIYAZAKI

えびのには焼酎の神様がいる。

【上】最寄りのJR九州吉都線「京町温泉」駅。電車が来るのは1時間に1本程度
【下】えびの市内のあちこちで見かける田んぼの神様「田の神さぁ（たのかんさぁ）」。地元の人々をやさしく見守っている

名物みやざき地頭鶏（じとっこ）のたたき（900円）と炭火焼き（1500円）。店のカウンターには、『明月』『?ないな』のほか、宮崎・鹿児島県産の本格焼酎のボトルがズラリ！

居酒屋たくちゃん

みやざき地頭鶏が食べられる地元で人気の居酒屋。みやざき地頭鶏事業協同組合の認定店である。
住所：宮崎県えびの市
大字向江564-1
TEL：0984-37-0905

宮崎の地頭鶏《じとっこ》は日本一よ。

通称「焼酎の神様」とされる「金松法然」までは『明石酒造』から車で10分程度。地元の参拝客も多い

鹿児島 大和桜酒造 KAGOSHIMA

うちはガチですから。

洗ったさつま芋（黄金千貫）を蒸しやすくするように細かく切る「芋切り」の作業。全工程、手作業で丁寧に行うのが大和桜酒造の流儀

専用マシンでさつま芋を洗う助っ人ニューヨーカーのスティーブン・ライマンさん。焼酎は今やグローバルに注目されているのだ

大和桜酒造の酒蔵は伝統的な木造建築。青空の下、キビキビと作業が進む。時折訪れる見学のお客さんを案内するのも5代目の大事な仕事だ

1日分の仕込みに使う150kgの米を手作業で洗っていく。「テクニックに走らずに、めいっぱいフィジカルを使って酒を造っていることが自信になる」と5代目若松徹幹さん

欧米人スタッフがせっせと芋を洗っている

翌日は、鹿児島県の海沿いの街、いちき串木野市へ向かった。約束の朝9時過ぎに2軒目の酒蔵に着くと欧米人スタッフがせっせと原料のさつま芋を洗っていた。

「彼、焼酎オタクのニューヨーカーで、毎年この時期に仕込みの手伝いをしに来てくれるんです。インターンシップってやつですね」

ヒゲの口元に豪快な笑みを浮かべながら説明してくれたのは、大和桜酒造の若松徹幹さん。主力銘柄『大和桜』のラベルに「本手造り」を掲げ、昔ながらの甕壺仕込みにこだわる老舗の酒蔵を受け継ぐ5代目杜氏だ。現在38歳、ムッキムキの二の腕から伝統をガッシリと支える無骨なプライドが漂う。

最初の工程で苦労すると後で手を抜けなくなる

「うちはガチですから（笑）。できる工程はすべて機械に頼らずにやってます。例えば、毎朝の洗米の作業。1回150キロのコメを手洗いします。正直キツイけど、いちばん初めに苦労すると後の工程で手が抜けないんです」

日本の端っこで世界に誇れる酒を造っている。

専用の部屋で米麹を造る作業。増殖させる過程で麹菌が熱を持つので、それを冷却している。これも力のいる作業だ

できあがった米麹は、菌糸がうっすらと全体を覆っている

2次仕込みを終え、甕壺の中で熟成中の“もろみ”。麹菌が活発に動いているのは2〜3日間で、その後は次第に落ち着いていく

あらかじめ甕壺に入れられた仕込み水の中に米麹、酵母などを加えていく「1次仕込み」の作業

創業は江戸時代後期。今から170年以上前にあたる「天保十四年」と書かれた木箱が蔵に残る。現在、製造に携る社員は4代目の若松一紀社長と5代目徹幹さんのみ。残りはパートスタッフと有志の助っ人の力を借り、年間3万5000本の焼酎を全国に出荷している。

揺るがない商品があるから斬新な仕掛けに挑戦できる

「僕の代になって、ドラスティックに新しいものをつくろうとは考えてないんです。伝統を守るのは、決して後ろ向きなことじゃないと思っていて……。江戸時代から積み上げた歴史をリスペクトしつつ、ソフト面で今の時代に合わせていく取り組みをしたいと思っています」

鍛えた身体を駆使して、造り上げた揺るがない商品がある。だからこそ、自信を持って誰もやったことのない大胆なPRを仕掛ける。そこに横浜の大学に通い、渋谷や中目黒で青春時代を過ごした5代目のセンスが光る。象徴的なのが、自社のサイトだ。商品の紹介もないまま、大和桜のボトルを囲む仲間たちのホームパーティのシーンが動画で流れる。そこに込めたメッセー

こだわりからつながりへ。

蒸留器の細かい調節を行う4代目若松一紀社長。「丁寧に造ること、当たり前のことを当たり前に続けることが大切なんです」

大和桜酒造の倉庫に置かれた「天保十四年」と書かれた木箱と戦時中に使われていた酒樽。創業者である「若松與兵衛」の名も確認できる

「5:5」の大和桜の水割りに日向産のへベス（カボスに似た柑橘類）を搾る。5代目徹幹さんが広めようとしている新しいスタイル。焼酎本来の自然な魅力を再発見できる飲み方だ。伝統ある蔵ほど、新しい楽しみ方を追究している印象を受ける

5代目 若松 徹幹さん

「今年1月に、今世界的な注目を集める西海岸の蒸留所やワイナリーを視察して、オーナーやその仲間たちと話す機会があったんです。彼らは、シンプルにいいものを造ることを楽しんでる。これってすごくいいなと思って、うちらも焼酎を楽しく造って、好きな人と楽しくシェアできる環境をつくりたいなと思ってるんですよね」

大和桜酒造

創業以来、昔ながらの本格手造り麹を使い、1次仕込み、2次仕込みともに、全量甕壺仕込みによる醸造を代々続ける。酒蔵見学については、電話で問い合わせを。
住所：鹿児島県いちき串木野市湊町3-125
TEL：0996-36-2032　yamatozakura.com

左から原料にベニサツマを使用した『大和桜 紅芋』、定番の『大和桜』、麹米にコシヒカリを使用した『ヤマトザクラヒカリ』

ジが、「こだわりからつながりへ」。「単に手造りだとか、小さな蔵だとかをこれでもかと強調するより、1杯の大和桜が広げていく豊かなライフスタイルを訴求したいんです。こだわりは飲めばわかってもらえるものでしょ？（笑）」

現代の食に求められるファクターがそろう焼酎

そんな5代目の心意気に反応したのが助っ人ニューヨーカーのスティーブン・ライマンさん。アメリカで焼酎を普及させるWEBサイト「乾杯US」を運営する彼は、流れ着くように大和桜酒造にやってきた。ある日、5代目が彼に焼酎の魅力を聞くと、こんな答えが返ってきたという。

「芋と米のみでできていて、1回しか蒸留しない。こんなシンプルで原料が剥き出しの蒸留酒は世界でも珍しい。そして、ヘルシー、ナチュラル、フレッシュ、ローカル、シンプル、シングル……といった現代の食に求められるファクターがすべて入っている。注目されるのは当然だよって。これを聞いて、大きな自信をもらったんですよね。日本の端っこで世界に誇れる酒をつくっているんだと改めて確信できました」

焼酎って、楽しくてあたたかい。

KAGOSHIMA

鹿児島の伝統酒器で味わう ぬるい大和桜にとろける

その夜、大和桜酒造の取引先である鹿児島・天文館通り近くの『熊《くま》襲亭《そてい》』で伝統的な薩摩料理を味わった。さつま揚げ、きびなごの刺身、黒豚のとんこつ……。そして、合わせたのは、『大和桜』のお湯割り。黒千代香《くろぢょか》という鹿児島独特の酒器で味わうぬるめの『大和桜』は、芋の香りがどっしりと残る、男らしい味わい。ただ、明らかにフルーティ、スッキリといった類いではないのに、とろけるように身体に染み込んでくるから不思議。

う〜む、鹿児島マジックなのだろうか……。

酔いに任せて鹿児島 天文館通りではしご酒

カメラマンと二人で黒千代香を3つ空け、ほろ酔い気分で鹿児島の街を歩くと昭和の匂いが漂う焼酎酒場があちこちにある。酔いに任せて、そのなかの1軒『はる日』へ。お店の流儀に倣って、グラスのお湯割りを頼むとカウンターを囲む常連客と自然に会話が弾む。

焼酎って、楽しくてあたたかい。

鹿児島の繁華街、天文館通り近くにある『熊襲亭』で大和桜のお湯割りを愉しむ。つまみは、さつま揚げ、きびなごの刺身、黒豚のとんこつ、かつおの酒盗など

熊襲亭

昭和41年創業。さつま揚げ、酒ずし、地鶏のたたき、黒豚しゃぶしゃぶなどのコースを正調さつま料理として提供。観光客の利用も多い。
住所：鹿児島県鹿児島市
東千石町6-10
TEL：099-222-6356
www.kumasotei.com

黒千代香（くろぢょか）に入れたぬるめのお湯割りは、さつま料理と一緒に味わうと格別。これは現地を訪れてこその贅沢

繁華街、天文館通り近くにある小料理『はる日』（TEL：099-225-2582）でお湯割りをもう1杯。『酒場放浪記』の吉田類さんも訪れた隠れ家的なお店

焼酎酒場ではグラスでお湯割りを頼むのが定番。「4:6」「5:5」「6:4」と焼酎の濃さを計る目盛りが付いている専用グラスがある

鹿児島・屋久島／本坊酒造・屋久島伝承蔵／YAKUSHIMA

女性らしい味って言われますけど意識はしていません。

昭和35年に建てられた本坊酒造の屋久島伝承蔵。2次仕込みを終えた"もろみ"に櫂入れをする様子。58個の甕壺はすべて明治20年頃に製造されたもの

麹室で米麹の様子を細かく確認する女性杜氏の久保律さん。表情は真剣そのもの

甕壺の傍らに配置された蒸留器にできあがった原酒が貯まっていく。仕込みのシーズン中は、この蔵で毎日1升瓶700本分が製造される

9年前に屋久島に渡った女性杜氏が活躍中

すっかり深酒してしまい、眠い目をこすりながら取材班が早朝の便で向かったのは世界遺産の深い森を擁する屋久島。ここに3軒目の酒蔵、本坊酒造・屋久島伝承蔵がある。屋久島といえば、芋焼酎の『三岳』が全国的に有名だが、こちらの酒蔵にもしびれるような名品があるという。

屋久島の空港に降り立つと密度の濃い湿気が毛穴を埋めていくのがわかる。たった40分のフライトで異界にやってきたことを実感。

忙しい午前中の時間帯を避け、本坊酒造に到着したのは午後1時。すると30代と思われる女性スタッフが笑顔で迎えてくれた。久保律さん。屋久島伝承蔵の技を守る杜氏である。今年、入社10年目を迎える彼女は、9年前に屋久島に渡り、丸3年の修業を経て、杜氏になった。

「もともと大阪で飲食の仕事をしていたんです。当時からとにかく焼酎が好きで、蔵元見学にもよく行っていました。そうするうちに、次第に自分でも焼酎を造ってみたいと思うようになって……現在に至るという感じです」

本坊酒造 屋久島伝承蔵

「屋久島産の芋」「屋久島の水」を使った手造りの製造工程を見学可能。申し込みはWebより。
住所：鹿児島県熊毛郡屋久島町
　　　安房2384
TEL：0997-46-2511
www.hombo.co.jp

主力銘柄の『太古 屋久の島』と島内限定発売の『水ノ森』。屋久島の超軟水で仕上げたやわらかい口当たりが特徴。

取材前に島内の定食屋のランチで食べた屋久鹿の焼肉。ワイルドな珍味。気が向いたらお試しを

白麹の一次もろみ。白麹は黒麹が突然変異したもの。白麹はすっきり軽快、黒麹はどっしり濃厚な味わいになるというのが一般的だ

黒麹の一次もろみ。かつては、芋焼酎は黒麹で造るものだったが、次第に白麹が主流に。最近はコクを求めてあえて黒麹で造る銘柄も

YAKUSHIMA

水がとにかくやわらかいんです。

本坊酒造の酒蔵に向かう途中で野生の屋久鹿が顔を出した。その後、ランチで鹿肉をいただくことに

杜氏 久保律さん

「花崗岩が隆起してできた屋久島では、雨水がほとんど土に浸透せずに一気に流落します。そのため屋久島の自然水は、ミネラルをほぼ含まない硬度10度以下の超軟水。屋久島伝承蔵で造る焼酎のやさしい口当たりは、この水のおかげ。屋久島でしかできない味わいなのです」

蔵で焼酎を造っているときが本当に幸せ

シーズン中の焼酎の仕込みは、同じ時間に同じ作業を繰り返す日々。ルーティンワークの中で、嫌というほど自分と向き合うことになる。蔵の雑巾がけからスタートする毎日は、まさにお寺の修業。それでも自らが造った焼酎が食卓で笑顔に囲まれているシーンを思い浮かべると「この仕事が好きだ」と再確認できるという。

筋金入りの職人なのだ。

「蔵にいて、焼酎を造っているときが本当に幸せなんです。麹菌は生き物なので、シンプルながら日々異なる細かい調整が必要です。屋久島のやわらかい水、湿度の高い気候、100年以上使い込んだ甕壺、そして原料の芋や麹菌……これらがすべて調和してここでしか出せない味になるのです。私は屋久島の自然が造り出すものを手助けしてるだけ。よく私が手がけた焼酎は女性らしい味だとか言われますが、まったく意識はしていないですね」

そんな彼女が造り上げる島内限定販売の焼酎が『水ノ森』。屋久島産のシロユタカ(さつま芋の一種)を使い、屋久島の水で仕上げたやわらかい飲み口の逸品だ。

島の水、食材と合わせてこそ沁みる。

アサヒガニは、屋久島ならではのご馳走。ミソと身を絡めて食べれば絶品。島内の旅館で頼む場合、1杯3000円程度

宿泊した『御宿鶴屋』(TEL:0997-46-2120)で用意してもらった「焼酎に合う地元料理」。ボイルしたアサヒガニとトビウオの唐揚げ。ロックにもお湯割りにもよく合う

盛り合わせで出してもらった刺身は、ホタ(アオダイ)、カツオ、エビスダイ、メカジキなど。名物の首折れサバ(ゴマサバ)にはお目にかかれなかった

『御宿鶴屋』の焼酎セレクション。三岳酒造の『三岳』『愛子』なども揃う。後は部屋で倒れるだけ。片っ端から試してみるのもいいだろう

アサヒガニのカニミソとお湯割りの濃厚ハーモニー

そこで直売所で『水の森』を1本購入し、さっそくその夜、宿泊した『御宿鶴屋』で味わってみる。飲み方は、当地の王道である〝ぬるめのお湯割り〟。トゲのないやわらかな芋の甘みが口いっぱいに広がり、すんなり溶けていく。『大和桜』と比べると確かに女性的な印象だ。

そこに合わせたのが、特産のアサヒガニ、カメノテなど地元・屋久島の海の幸。『水ノ森』のすっきりした後味がカニミソの濃厚な風味と絡まり合う妖艶なハーモニーは、ぜひ現地で味わっていただきたい。

焼酎の新潮流と呼べる何かを現地で感じた

今回、「白波」でも「黒霧島」でもなく、「魔王」でも「村尾」でもない東京の居酒屋ではあまり見かけない銘柄の焼酎を造る中小規模の実力派の酒蔵を巡り、九州の豊かな自然の恵みを存分に堪能する未知の体験ができた。そこには、焼酎の新潮流と呼べるような何かが確かにあった。そして今、自信を持ってこう言いたい。

「行けばわかる!」

Report

芋焼酎の造り方 A to Z

仕込みからラベリングまで

蒸したさつま芋と米麹を合わせて造る芋焼酎。このシンプルな原料から芳醇な蒸留酒ができあがるまでにはどのような工程があるのだろうか？酒蔵見学をして、現場で詳しく聞いてみた。

蒸しやすいようにカットしたさつま芋を蒸し器に投入していく（大和桜酒造）

「芋切り」の作業は、人が手を使って行うのが一般的（大和桜酒造）

専用の機械を使ってさつま芋を皮ごと水洗いしていく（大和桜酒造）

GO!

原料処理

洗浄・芋切り

原料となる黄金千貫などのさつま芋を洗って、泥などを丁寧に落とし、雑味の原因となるヘタや虫食い部分などを削り落とす。

蒸し芋・粉砕

芋切りを終えたさつま芋は蒸し器の中へ。蒸された芋は送風機などで冷ましてから、機械で粉砕し、米麹と合わされる。

GO!

製麹《せいぎく》

洗米

麹菌を繁殖させるエサとなる米は、しっかり洗って、予め汚れを取り除く。その後、蒸す前に一定時間、水に浸けておく。

蒸米

洗った米は、蒸し器で蒸すことで、麹菌が繁殖しやすくなる。最近は、洗米から蒸米まで、回転ドラム式の機械を使うのが一般的。

蒸し器から立ちのぼる蒸気が酒蔵を満たしていく（大和桜酒造）

1次仕込み

酵母などを加えた仕込み水に、麹菌を繁殖させた米（麹米）を投入していく。麹菌によって米のでんぷんが糖に分解され、それをエサに酵母菌が大量に増殖。その過程で、15度程度のアルコールが生成される。ここで造られるのが「1次もろみ」。6日ほどでできあがる。

麹米を仕込み水が入った甕壺に移していく（大和桜酒造）

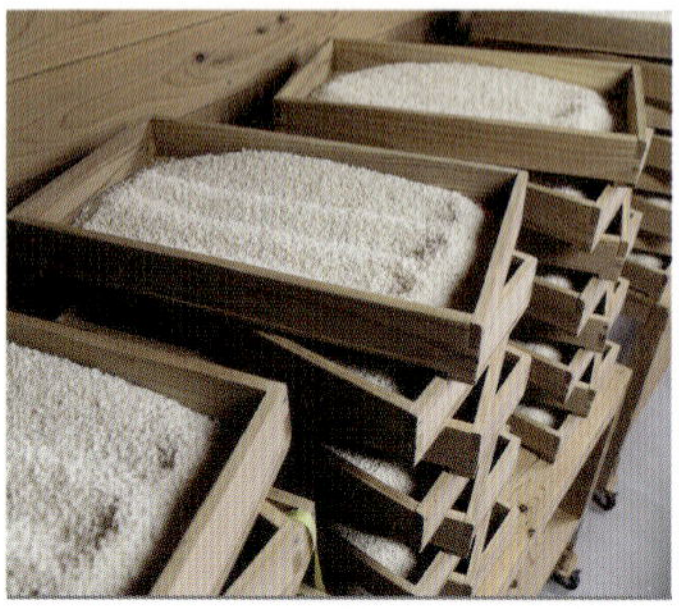
米麹を造る専用の「麹室」に整然と積み上げられた「もろ蓋」（大和桜酒造）

蒸し上がった米に麹菌を混ぜ合わせた麹米を「もろ蓋」に移す（大和桜酒造）

丁寧にラベルが貼られ、出荷前の最終チェック工程へ（大和桜酒造）

貯蔵用の容器の中で蒸留した原酒を熟成。随時、ろ過なども行う（明石酒造）

甕壺の中でボコボコと激しくガスを放出し、発酵する「2次もろみ」（大和桜酒造）

2次仕込み

「1次もろみ」に蒸して粉砕したさつま芋を合わせ、昔ながらの甕壺やタンク式の容器などで発酵させていく。仕込んでから2〜3日は、米麹と酵母の働きが活性化され、ガスの泡を激しく放出しながら発酵する。その後、8〜10日ほどで発酵が落ち着き「2次もろみ」の完成となる。

蒸留

「2次もろみ」を蒸留器で沸騰させて、気化させた後、冷却装置で急激に冷やして焼酎を抽出する。芋焼酎のような本格焼酎の製造には、「単式蒸留器」が用いられる。

貯蔵・熟成

蒸溜したばかりの焼酎の原酒は、ガス臭が強く、風味がトガった印象。そこで、3か月〜1年ほどタンクや樽、甕などの容器で熟成させるのが一般的。

割水・ろ過

焼酎の原酒は、アルコール度数が高いので、水を加えて、20〜25度に調整する。さらに、複数回ろ過して、味や香りを調えていく。

ビン詰め・ラベリング

熟成され飲み頃になった焼酎をビンに詰め、ラベルを貼っていく最終工程。不備がないか細かいチェックが行われる。

出荷！！

厳しいチェックを経て、晴れて出荷へ。箱詰めされて、全国に発送される。我々の手元に届くまでにこれだけの工程があるのだ。

蒸留器のしくみ

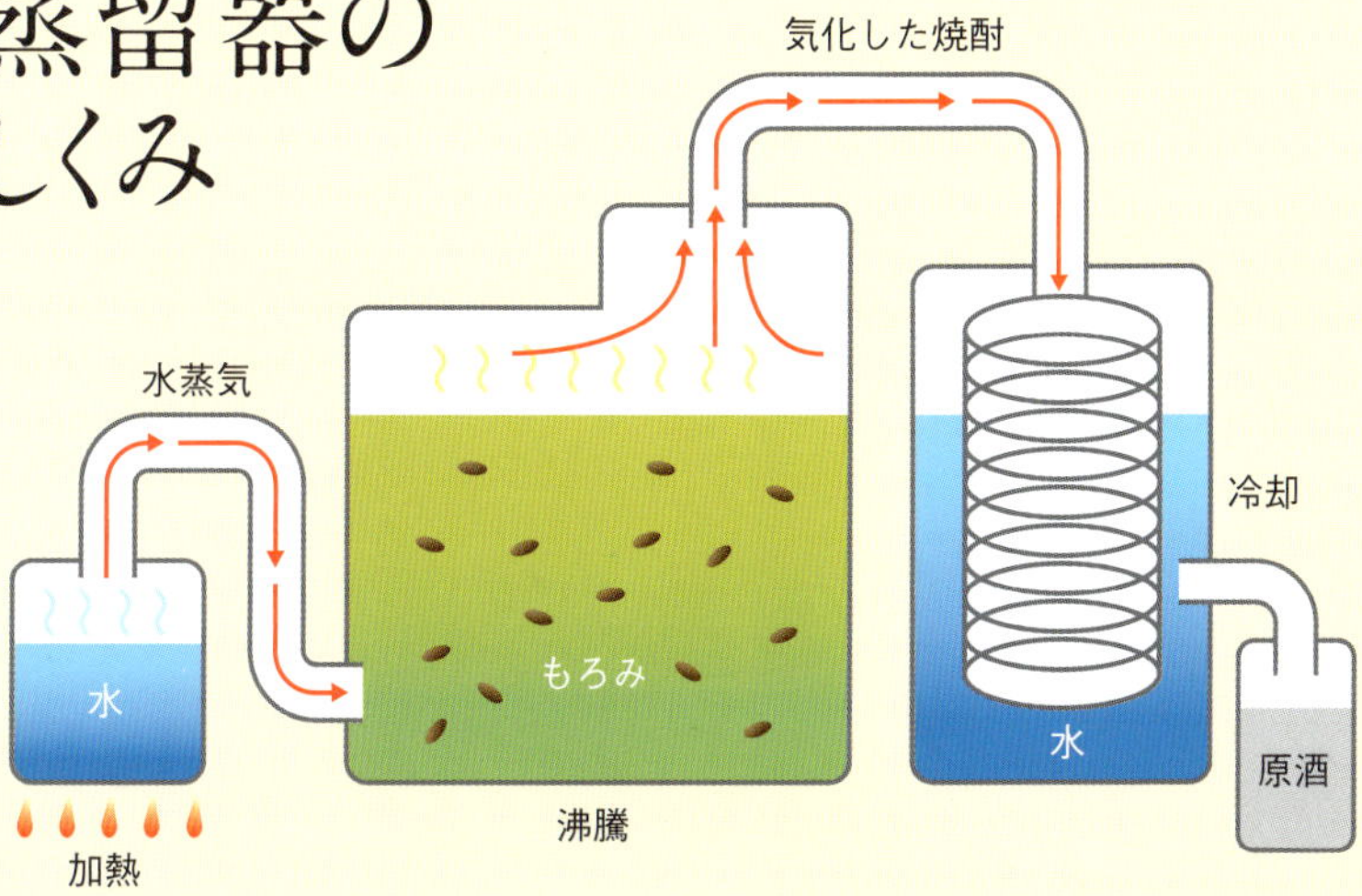

加熱した水蒸気を「もろみ」の中に注入。沸騰したもろみから気化したアルコールや香り成分を冷却し、液化したものが焼酎の原酒となる。

減圧蒸留の単式蒸留器。右側のタンクに原酒が貯まっていく（本坊酒造）

Column

なぜ焼酎は二日酔いになりにくいの？

飲む量にもよるが、焼酎はビールや日本酒と比べて、二日酔いになりにくいという印象が強い。アルコール度数が低いわけでもないのになぜなのか？

焼酎には血栓を溶かす働きがある

焼酎は日本酒やビール、ワインなどの醸造酒と比べて二日酔いになりにくいと言われている。原料を発酵させて造る醸造酒には数種類のアルコールが含まれる。それに対し、蒸留で造る焼酎はその99％以上が水とエチルアルコールで、アルコールは1種類しか存在しない。その分、アルコールを分解する肝臓への負担が軽くなるのだ。

理由はもうひとつある。倉敷芸術科学大学の須見洋行教授の行った実験によると、30ミリリットル相当のさまざまな酒を被験者に飲ませて1時間後に採血をした結果、焼酎が他の酒類より断トツに高い血栓溶解度を示したという。これは、焼酎のいくつかの香り成分が複合し、血栓を溶かす働きをするためではないかと推測されている。

血栓溶解度が高いと、それだけ血行がよくなり、心筋梗塞や脳梗塞などにかかりにくくなる。内臓の細胞も活性化されるので、肝臓がアルコールを分解するスピードも速くなるのだ。

日本酒やビールとは逆に血糖値を低くする効果も

焼酎は通風の原因にもなる尿酸を作り出す物質、プリン体の含有量が非常に低い。日本酒やビールとは逆に、血糖値を低くする効果もある。そのメカニズムはまだ不明だが、焼酎に含まれる成分が細胞内の糖を受容するリセプターを阻害するか、インシュリンを合成するのではないかと考えられている。

脳の活性化も行われるので、アルツハイマー症や老人性痴呆症などの予防にも効果が期待されている。さらに、脳内の情報伝達物質であるセロトニンやノルアドレナリンの活動が活発になることにより、うつの症状も和らげられるのではないかと考えられている。

焼酎の健康効果をより高くするにはロックで飲むのがいちばんだという。香り成分を強く感じられるので、血栓を溶かす働きも活発になる。ロックでは強すぎるという人はお湯割りにしてもいい。アルコール度数が低下しても香り成分はそのまま残っている。

■血栓溶解機能の比較実験

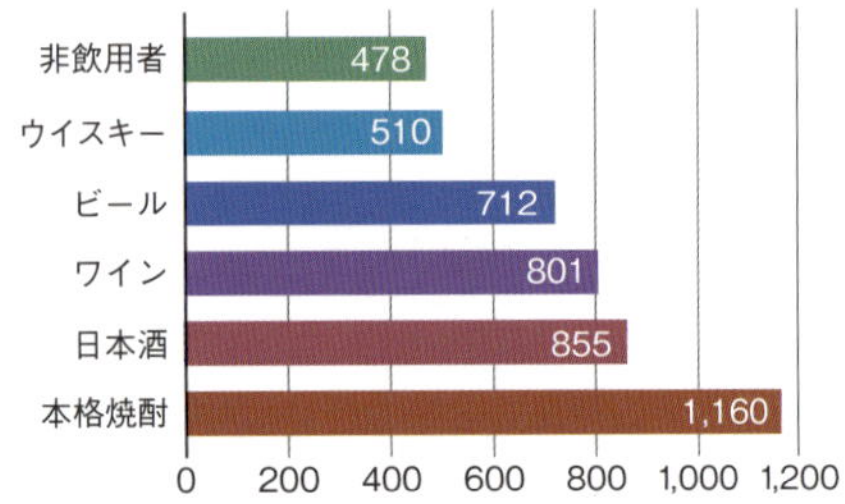

1人当たり30～60mlの酒を10分間飲み、1時間後に血液中の血栓を溶かす力を「血しょうプラスミン濃度」で測定

いくら焼酎でも過ぎたるはなお及ばざるが如し

しかし、焼酎がいくら二日酔いになりにくく、健康にもよいとはいえ、やはり「過ぎたるはなお及ばざるが如し」。焼酎を「百薬の長」にするか「悪魔の水」にするかは飲む量による。血栓溶解度もたくさん量を飲めばそれだけ増すということはない。適量は人によってさまざまだが1合くらいが目安だ。

また、これはすべての酒に言えることだが、空腹で飲むのではなく、酒の肴といっしょに飲んだほうがいい。空腹で飲むと酔いの回りが早くなり、悪酔いや肝臓を悪くする原因になる。

酒の肴は豆類がおすすめだ。特に納豆にはそれだけで完全食品といえるほどさまざまな効用があり、タンパク質中の酵素には血栓を溶解する働きがある。焼酎と一緒に食べることで高い相乗効果が期待できるのだ。

知ればもっと美味しくなる

焼酎の基礎知識

文／丸茂アンテナ、小林ていじ、藤森優香
撮影／中田浩資
イラスト／大崎メグミ

焼酎はどこからやってきた？

焼酎はウイスキーやブランデーと同じ蒸留酒の一種。
蒸留酒はどこからやってきて、どのように日本にたどり着いたのか？

アラビアの蒸留酒 アラックが焼酎の起源？

蒸留酒の発祥には諸説ある。紀元前3000年代のメソポタミア文明の遺跡から蒸留器と見られる土器が発見されているが、飲むための蒸留酒が造られていたのかまではわかっていない。また、紀元前300年代にエジプトのアレキサンドリアでアリストテレスがワインを蒸留したという記述があるが、蒸留酒が造られていた確証はない。

本格的に蒸留酒が造られるようになったのは12～13世紀頃からと言われている。13世紀中国（元代）の雲南省地方に蒸留酒製造についての記録が残っている。この蒸留酒造りは当時の元朝全域に伝わり、白酒《パイチュウ》の元祖である「露酒」を生み出した。そのため、蒸留酒の発祥は中国であると言われることもある。

14世紀イタリアでは、蒸留液（アルコール）がペストに有効な治療薬と信じられ、盛んに製造されるようになった。その後、ヨーロッパ全域に蔓延したペストとともに蒸留酒造りも広まっていったとされている。

中世の錬金術師たちは蒸留酒を「アクア・ヴィタエ（生命の水）」と命名した。スコットランドとアイルランドの「ウイスキー」、フランスの「ブランデー」、北欧諸国の「アクアビット」、ロシアの「ウォッカ」などはすべて「アクア・ヴィタエ」が語源とされる。

エジプト・アラブ諸国では蒸留器を「アランビック」、それで造った蒸留酒を「アラック」と呼んだ。日本では昔から蒸留器を「蘭引」、焼酎を「阿刺吉酒《あらきしゅ》」とも言うが、これらはそれぞれ「アランビック」と「アラック」が語源であると考えられている。

>蒸留器の伝播ルート

※1 イタリアへの伝播はアフリカ（地中海南部）からのルート説、ギリシャ（地中海北部）からのルート説がある。
※2 東海岸を経由してケンタッキー州、カナダへ伝播したという説もある。
※3 日本への伝播ルートも諸説ある。

蒸留酒の伝播については諸説ある上、文献が残っていないことが多く正しい説を断定できません。ここではアラビア起源説を基に蒸留酒の必需品である「蒸留器」の伝播ルートの有力説を地図上で表しています。

焼酎の産地はなぜ九州なのか？

焼酎は九州を主な産地とする地酒として知られているが、そもそもどのように九州に伝来したのだろうか？

焼酎の日本への伝来には主に４つの説がある

14世紀以降、中国大陸や東南アジアで製造されていた蒸留酒がどのように日本に伝来したかについては諸説あり、以下の4つが有力とされる。

もっとも有力なのはインドシナ半島から琉球に伝来したという説。中世の琉球は中国、朝鮮、東南アジアとの海上貿易を盛んに行っていた。15世紀中頃にはシャム（現在のタイ）からラオロンという蒸留酒を輸入しており、次第にその製法が伝わり、琉球王朝の宮廷酒となる。そして、その後、薩摩に伝わったとされている。

残りの3つは、朝鮮で造られていた蒸留酒（高麗酒）が対馬にもたらされたという説、倭寇と称する武装商船団（海賊）が東シナ海に進出して海上取引品のひとつとして蒸留酒を日本に運んだという説、中国（雲南）の蒸留器が福建省を経て琉球に伝わったという説になる。

いずれにしても、朝鮮の李朝実録には「1477年頃に琉球に蒸留酒があった」と記されている。つまり、このときにはすでに日本ではじめての蒸留酒となる泡盛が製造されていたということである。

1546年、薩摩半島の山川に半年間ほど滞在したポルトガル人船長のジョルジェ・アルバレスがフランシスコ・ザビエルに送った「日本の諸事に関する報告」には次のようにある。

「飲み物は米から造るオラーカと身分の上下を問わずに誰もが飲むお茶がある。正気を失った酔っ払いはひとりも見なかった。彼らは酔うとすぐに横になって寝てしまうからである。この地には居酒屋や旅籠が多くあり、そこでは飲食物や宿泊が提供されている」

ここに出てくる「オラーカ」はアラビア語の「アラック」を語源とし、蒸留酒を意味する。つまり、米から造ったオラーカとは米焼酎のことである。1546年にすでに南薩摩で焼酎が飲まれていたということは、少なくともその50年程前の15世紀初頭には米焼酎が存在していたのではないかと考えられる。

＞日本への伝播ルート諸説

① インドシナ半島→琉球経路説
② 中国→朝鮮半島→対馬経路説
③ 中国南部→東シナ海→日本本土経路説
④ 中国（雲南）→福建→琉球経路説

焼酎マメ知識

「焼酎」という言葉が初めて使われたのは？

1954（昭和29）年、鹿児島県大口市（現伊佐市）の郡山八幡神社で「工事のとき、施主がケチで一度も焼酎を飲ませてくれなかった」という旨の落書きが発見された。調査の結果、これは1559（永禄2）年に書かれたものだとわかった。これが現存するもっとも古い「焼酎」の文字だとされている。

鹿児島県北部の伊佐市にある郡山八幡神社（上）と中央部に「焼酎」の文字が見られるお札（下）

Guide

そもそも焼酎ってどんなお酒？

焼酎とひと口に言っても乙類、甲類など種類はさまざま。原料もいろいろあるけれど、どのような区分があるの？

甲類と乙類って いったい何が違う？

日本酒が「醸造酒」なのに対し、焼酎は「蒸留酒」。そもそも蒸留酒とは醸造酒を蒸留したもので、もとは日本の蒸留酒すべてが「焼酎」と呼ばれていた。

現在、日本の酒税法上において焼酎を名乗るためには、原料に発芽させた穀類（麦芽など）、果実、含糖物質（砂糖、蜂蜜、メープルシロップなど）を使用しないこと、製造工程で白樺の炭での濾過、酒に杜松の実などを加えての濾過を行わないことなどを条件にしている。これは他の蒸留酒であるウイスキー、ブランデー、ラム、ウォッカ、ジンなどと区別するためだ。また、焼酎も蒸留器の違いによって単式蒸留焼酎（乙類焼酎、本格焼酎）と連続式蒸留焼酎（甲類焼酎）の2種類に分けられている。

一般の消費者にとってはかなりわかりにくいが、これは日本の酒税法制定の目的があくまでも財政収入を確保することであるから。外国の酒類制度のように生産者保護のために消費者にわかりやすくすることを目的とはしていないのだ。

しかし、飲み手である消費者が焼酎の蒸留方法、原料の違い、酒税法上の分類などにそれほど詳しくなる必要はない。それよりもむしろ大切なのは、どんな香りや味のものがあるか、どうすれば美味しく飲めるのかといったことだろう。季節や料理、気分などに合わせてなにを選べばよいかなどを知ると焼酎を飲むのがますます楽しくなるはずだ。

>日本の酒税法上の焼酎

酒　類

- 蒸留酒類
  - ブランデー
  - ウイスキー
  - 原料用アルコール
  - スピリッツ
  - 連続式蒸留焼酎（甲類焼酎）
    連続式蒸留器で蒸留させ、アルコール度36%未満にしたもの。原料は糖蜜、トウモロコシなど。原料由来の風味が薄まるので、酎ハイやサワーのベース酒となる。梅酒の仕込みなどにも使われる。
  - 単式蒸留焼酎（乙類焼酎、本格焼酎）
    単式蒸留器で蒸留させ、アルコール度45%以下にしたもの。原料は芋、穀類（米や麦など）、黒糖、そばなど。素材の風味が生きており、原料によって芋焼酎や麦焼酎などさまざまな呼び方をする。
- 醸造酒類
  - ・清酒
  - ・果実酒
  - ほか
- 発泡性酒類
  - ・ビール
  - ・発泡酒
  - ほか
- 混成酒類
  - ・合成清酒
  - ・みりん
  - ・リキュール
  - ほか

本格焼酎とは?

乙類焼酎の中で、【1】砂糖を添加していない、【2】国税庁長官が定める原料のみを使用、【3】水以外の添加物を加えていない、という3つの条件をクリアしたものだけが「本格焼酎」と表記可能。本誌で紹介する芋焼酎、麦焼酎などは、基本的にすべて「本格焼酎」と考えていい。ストレートでも水割りやお湯割りにしても味や香りに変化がなく、低カロリーで酔い覚めもさわやかなのが特徴だ。

蒸留のしくみ

蒸留酒は水とアルコールの沸点の違いを利用して生み出される。水の沸点が100度なのに対し、アルコールは約78.3度なので、醸造酒を熱するとアルコールだけが先に気化する。この蒸気を冷却して集めたものが蒸留酒である。

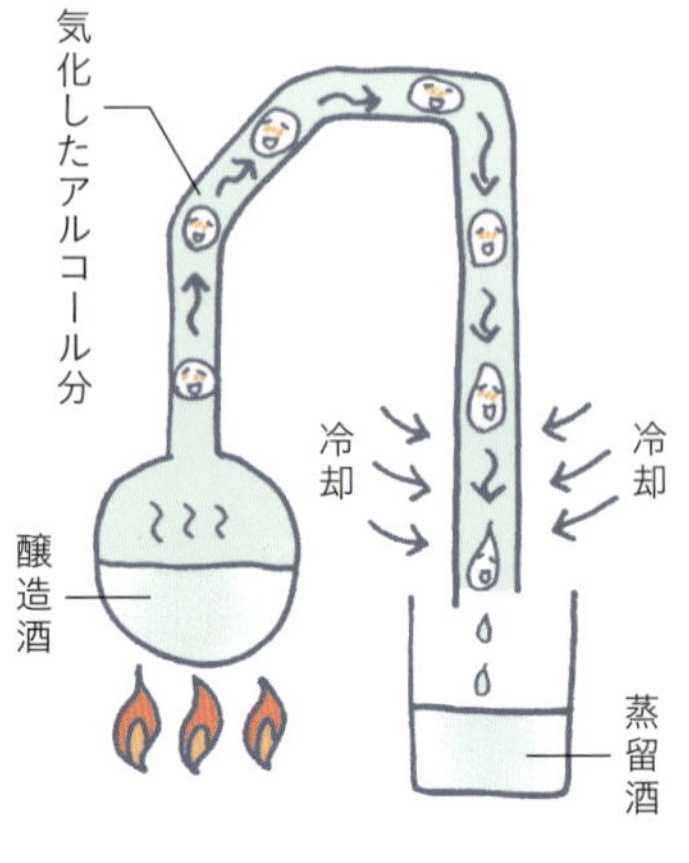

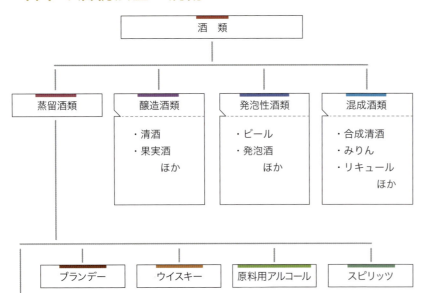

焼酎の魅力とは？

価格がリーズナブルで気軽に楽しめるのが魅力の焼酎。飲み方のバリエーションも豊富で毎日飲んでも飽きない。

原料が豊富で楽しみ方も多彩

焼酎のいちばんの魅力はその種類の豊富さにあるといっていいだろう。原料は芋、米、麦、黒糖、そばが代表的なところだが、それ以外にもとうもろこし、ワカメ、じゃがいもなどさまざま。原料が違えば当然味も異なるし、同じ原料でも熟成期間を変えることで風味が変化する。

飲み方もストレート、オン・ザ・ロック、水割り、お湯割りなどさまざまな楽しみ方ができる。割り方によって度数を調整することも可能だ。

焼酎の香味は大まかに「フレーバータイプ」、「ライトタイプ」、「リッチタイプ」、「キャラクタータイプ」の4タイプに分けられる。それぞれ魅力があり、どんな料理やシチュエーションにも必ず適したものが見つかる。

- コストパフォーマンスが高い
- 原料の持ち味が生きた蒸留酒
- 料理の味わいを損なわない
- 比較的保存性が高い
- 好みに合わせて多彩な飲み方ができる
- 生産地ごとに歴史的ストーリーがある

＞焼酎の4タイプ分類

香りが強め ↑ ／ ↓ 香りが弱め
← 味がシンプル ／ 味が複雑 →

焼酎の香味

フレーバータイプ 香

近年人気の高まっているタイプで、香りの華やかさと爽やかさが特徴。味は軽快なものが多く、その味わいを十分に活かすには冷たい温度帯で飲むのがいい。日本料理だけでなく、西洋の料理にも合わせやすい。

吟香 鳥飼（米）
達地（酒粕）
甕雫（芋）
一番雫（芋）
七窪（芋）

キャラクタータイプ 個

非常に濃厚な香味が特徴。特別な製法で造られたもの、熟成させたもの、樫樽で貯蔵したものなどが該当し、高価なものが多い。飲み方はオン・ザ・ロックかストレートが適しており、個性が強いので少量をたしなむのがいい。

月の女神（麦）
やまかわ 古酒（泡盛）
醑エクセレンス（米）
八丈島流し（芋）
キャプテンキッド（黒糖）

ライトタイプ 軽

はなとり（黒糖）
牧場の夢（牛乳）
川辺（米）
杜康（麦）
秀水（芋）

市場でもっとも消費量の多いタイプで、軽快でスッキリとした香味がある。カクテル、水割り、ソーダ割り、お湯割りなど好みに合わせてどんな飲み方もできる汎用性の高さが魅力。料理との相性も問わない。

リッチタイプ 豊

昇龍 5年貯蔵（黒糖）
由布之郷（麦）
カリー春雨（泡盛）
黄麹蔵（芋）
大和桜（芋）

九州の伝統的な製造方法をとったものに多く見られる。ふくよかな香りとコクがあり、飲み方はお湯割りがもっとも適している。九州の郷土料理との相性が良いが、中国料理やエスニック料理にもよく合う。

Guide

焼酎産地MAP

焼酎は九州全域でつくられている地酒である。各地の原料や銘柄の特徴を見てみよう

九州が焼酎の本場になったのは、その伝来の地であったことのほかに風土的な理由も大きい。緯度が低く温暖なため、日本酒造りには向かなかったので、地元の作物を使った代替品として焼酎造りが定着したのである。

同じ九州でも地域別に焼酎の傾向の違いが見られる。

大分は1974(昭和49)年発売の「吉四六」がヒットしてから躍進し、今では麦焼酎の生産の99.7%を占めている。麹にも麦を使用している蔵が多い。

宮崎はもともと蕎麦の産地なので、最初は蕎麦焼酎が多く飲まれていた。その後、周囲の文化圏の影響を受け、現在は麦、米、芋とさまざまな焼酎が造られている。

熊本は九州では比較的米が採れたため、球磨焼酎に代表される米焼酎が発達。最近では、樽詰貯蔵を行ったスコッチのようなテイストの焼酎まで登場している。

鹿児島の芋焼酎は焼酎を語るうえで絶対に欠かせない存在。ふくよかな芋の味わいが大きな魅力になっている。

九州以外だと、長野県のそば焼酎も有名。もともと古くからのそばどころで、1975~1977(昭和50~52)年に佐久地域の蔵元からそば焼酎が相次いで生み出された。

麦焼酎
大分県

- ニュートラル&ライトタイプが主流の焼酎（原料は100%麦）
- 最も消費量が多いカテゴリーの焼酎のひとつ

米焼酎
熊本県

- 濃厚タイプから、淡麗タイプまでさまざまなタイプの焼酎がある
- 生のまま（割らないで）燗をして飲む独特のスタイルが存在する
- ガラとチョクなどの専用の酒器が存在する飲酒文化がある

雑穀焼酎
宮崎県

- 蕎麦や栗、粟、稗、トウモロコシなどを使った雑穀焼酎
- なかでも日本で初めて開発されたそば焼酎が有名

芋焼酎
鹿児島県・宮崎県

- 芋の品種によるバラエティが豊富
- 黒麹菌、白麹菌、黄麹菌など、麹の種類を使い分ける焼酎
- 上品な甘さと、まろやかな香味が特徴の焼酎
- お湯割りで飲用することが多い
- 前割りなど、さまざまな飲み方が存在する
- 黒千代香などの専用の酒器が存在する飲酒文化がある
- 最も消費量の多いカテゴリーのひとつ

COLUMN

なぜ伊豆諸島で焼酎が呑める？

東京都でも焼酎が造られていることをご存知だろうか？　場所は伊豆諸島。1853(嘉永6)年、薩摩の回漕問屋である丹宗庄右衛門が密貿易の罪で八丈島に流刑された。このとき、彼が八丈島の住民に焼酎製造を伝授したのである。

当時、食料事情の悪かった八丈島では、貴重な穀類で酒を造るのは禁止されていたが、サツマイモなら使用することができたので芋焼酎が盛んに製造されるようになった。

1975(昭和50)年頃までは芋焼酎が中心だったが、嗜好の変化、麦のほうが原価が安いという経済的理由、芋が秋にしかつくれないことによる採算性の問題などで、現在はほとんどが麦焼酎か麦・芋ブレンド焼酎になっている。

麦焼酎

長崎県壱岐

- 複雑で濃醇なタイプの焼酎
（麹に米を使用する）
- 朝鮮半島からの伝来説が最も有力

雑穀焼酎

九州北部

- 非常に風味が強く個性的なタイプの焼酎が多い
- 清酒製造地における二次品として造られた粕取焼酎も存在

黒糖焼酎

鹿児島県 奄美群島

- 唯一糖質原料の使用を認められた焼酎
- 1953（昭和28）年から、製造を許可された歴史の新しい焼酎
- さとうきび由来の甘く華やかな香気に、米麹のふくよかさが加わった個性的な味わい
- ラムと比較すると、米麹を使用すること、蒸留回数が1回のみということが特徴

泡盛

沖縄県

- もともとは宮廷酒で、日本で最も古い歴史を持つ
- アルコール度数の高いものが多い
- 熟成の概念が強い（甕を使用することが多い）
- 複雑で個性的な香味（タイ米が原料、米麹100%で仕込む、黒麹菌を使用）
- 按瓶、琉球ガラス、カラカラなど専用の酒器が存在する飲酒文化がある

Guide

原料別 本格焼酎ガイド

焼酎の楽しさは、原料による香りや味の違いにある。それぞれの製法や特徴を見ていこう。

芋焼酎

プレミア銘柄多数の焼酎の王道

「臭くて飲みづらい」と言われていた時代もあった

さつま芋は１６０５（慶長10）年に中国から琉球（沖縄）に伝来。その後、前田利右衛門がそれを栽培法といっしょに琉球から薩摩に持ち帰った。薩摩の火山灰質の土壌はさつま芋の栽培に適合したため、さつま芋の一大産地になり、芋焼酎文化も発達。前田利右衛門はその功績から「甘藷翁」と呼ばれ、神社が建てられた。

今や王道である芋焼酎は、焼酎の中でも特に香りが強いので、昔は「臭くて飲みづらい」と言われることも多かった。しかし、その後、黄金千貫《こがねせんがん》という焼酎造りに適した品種のさつま芋が登場。蒸留技術の進歩や麹の多様化なども手伝って、香味が格段に向上した上質の芋焼酎が造られるようになった。さらに、華やかな香りを生むアヤムラサキ、フルーティな味わいになるジョイホワイトなどの品種も使用されるようになり、さまざまな味わいのものが生み出され、芋焼酎は女性を含む多くの層に親しまれるようになってきた。

鹿児島や宮崎では夏でもお湯割りが主流

鹿児島県で造られる芋焼酎は、「薩摩焼酎」としてＷＴＯの産地呼称焼酎に指定され、保護されている。

その定義を、原料にすべて鹿児島県産のさつま芋と水、米麹または芋麹を使用し、鹿児島県内（名瀬市及び大島郡を除く）において造られ、単式蒸留器で蒸留し、容器詰めするものとしている。

今では全国区ですっかり定着した感のある芋焼酎だが、その味わい方は実にさまざまだ。首都圏ではオン・ザ・ロックで飲まれることが多いが、本場九州で愛される飲み方はお湯割りである。鹿児島や宮崎では夏でもお湯割りで飲む人が多い。しっかりした味わいのものをお湯割りにすれば、芋のふわりとした香りが立ち上り、食中酒にもぴったり。一方、フルーティで軽い味わいのものは冷たくして飲むことで繊細な味と香りを楽しむことができる。

最近は焼き芋で仕込んだ「焼き芋焼酎」も人気を呼んでいる。通常の芋焼酎は蒸したさつま芋を麹に加えて仕込むという方法が採られるが、焼き芋焼酎は蒸し芋の代わりに焼き芋を使って仕込む。原料は食料品種の鳴門金時やベニアズマのほか、甘みの強い種子島紫芋、黄金千貫などが使用されることが多い。焼きすぎると雑味が出てしまうが、焼きが足りないと焼き芋独特の甘く香ばしい風味を出すことができないので焼き加減には細心の注意が必要になる。

原料のさつま芋いろいろ

黄金千貫《こがねせんがん》

焼酎用の芋焼酎品種の中ではもっとも一般的。収穫量と貯蔵性が高く、でんぷん量が多い。

ベニハヤト

「さつま芋の王様」とも呼ばれる鮮やかな色合いの希少な品種で、甘みが強い。

シロユタカ

黄金千貫と同程度のでんぷん含有量がある。すっきりとした甘さの焼酎ができる。

ジョイホワイト

芋焼酎が苦手という人にも飲みやすいフルーティな焼酎ができるので人気が高い。

黄金千貫

麦 焼酎

飲みやすくて香味がバラエティ豊富

「いいちこ」「二階堂」が昭和50年代に大ヒット

麦焼酎は1990年から2009年の間、焼酎出荷量1位を誇っていた(日本酒造組合中央会集計)。その後、芋焼酎に1位の座を奪われるが、今でも全国的に高い人気を誇っているということに変わりはない。日本の本格焼酎の多くを占めるのも麦焼酎である。

江戸時代にはすでに麦焼酎が造られていたという。当時、壱岐(長崎県)を治めていた平戸藩は米で年貢を納めさせており、麦は対象外としていたので、家庭で自家製の麦焼酎が造られるようになった。

その人気に火がついたのは減圧蒸留タイプの麦焼酎が登場してからである。常圧蒸留はもろみを100度近い温度に沸騰させるが、減圧蒸留は沸騰温度が低い。そのため、焦げ臭などの少ないすっきりとした焼酎ができる。昭和50年代には、大分県の酒造メーカーがこの減圧蒸留器で製造した「いいちこ」と「二階堂」がヒット。その後、麦焼酎は九州だけでなく、全国的に広がっていった。

麦焼酎造りには、二条大麦が原料として使用されることが圧倒的に多い。二条大麦は明治初頭にビールの原料としてヨーロッパから持ち込まれた品種で、ビール麦とも呼ばれる。食用として使われる六条大麦よりもでんぷん含有量が多く、醸造特性に優れている。

壱岐焼酎は、薩摩焼酎と同様にWTOの産地呼称焼酎に指定され、ブランドとして国際的に保護されている。WTOはその定義を「大麦3分の2、米麹3分の1の原料比率で、壱岐の水を使い、壱岐で醸造、蒸留した焼酎であること」としている。

麦焼酎は主にすっきり系、香ばし系、樽貯蔵系の3タイプに分けられる。

すっきり系はオン・ザ・ロックか水割りで楽しむのがいい。特に水割りはクセがなく、食中酒としてどんな料理にでも合わせられる。

香ばし系はロックで飲めば焦がし麦のような香りを楽しむことができる。

バーボン樽やシェリー樽、ブランデー樽で熟成させた樽貯蔵系はウイスキーのような味わい。ロックや水割りもいいが、炭酸で割って今流行のハイボール風にするのもおすすめだ。ウイスキーとは少し違ったやさしい味わいになる。

そば 焼酎

独特の風味で焼酎ブームをけん引

長野、北海道といったそばどころで製造される

そば焼酎が誕生したのは1973(昭和48)年と歴史は意外と浅い。雲海酒造が日本ではじめてそばを焼酎の原料として使い、商品化させたのが始まりである。そば特有の香りやさわやかな味わいですぐに全国区で人気になった。

現在、そば焼酎は宮崎、長野、北海道といったそばどころを中心にして造られている。使用される品種は主にダッタンソバ。実を熱処理して外皮を完全に取り除いてからそのまま仕込みに使ったり、荒く割って使ったり、粉にして使ったりと、その製造工程はさまざま。ただし、発酵力は他の原料と比較して弱いので、米や麦などと掛け合わせて造られることがほとんどである。掛け合わせのバリエーションが豊富なので、他の焼酎よりも蔵の個性が出やすい。

そば焼酎はオン・ザ・ロックで飲むのもいいが、そばを茹でたそば湯で割ると、さらに風味が強くなり、健康ドリンクにもなる。そばの実には抗酸化力の強いポリフェノールの一種であるルチンが多く含まれている。この物質には血行を促進し、毛細血管を強化する働きがあり、生活習慣病の予防にも一役買ってくれる。そば湯にもルチンはたっぷりと含まれている。

2004(平成16)年には、宝酒造が「そば麹」を開発し、そば100%のそば焼酎「十割」を商品化して大きな話題になった。米や麦の風味の影響を受けることがなくなり、そばのもつ爽やかな味と香ばしい香りをよりストレートに味わうことができるようになっている。

米焼酎

さまざまなテイストの個性派ぞろい

日本酒のような甘みのある銘柄も登場

　米焼酎は焼酎の中でももっとも古くから造られていたという説がある。その説によると、タイ米を原料とした米焼酎がまず沖縄から鹿児島に伝わり、それから熊本の人吉地方、球磨《くま》盆地へと伝播。球磨盆地では稲作が盛んに行われており、そこで日本米を原料にした現在の米焼酎が誕生したという。

　芋焼酎がさつま芋の味でその味わいを左右されるのと同じく、米焼酎も米の味で味わいが決まる。そのため、こしひかりやあきたこまちなどの食用米や蔵の所在地の特産米を使用して味の差別化を図る蔵も少なくない。

　米焼酎の中でも、人吉・球磨の地下水と米と米麹で製造したものは「球磨焼酎」と呼ばれ、WTOの産地呼称焼酎にも指定されている。フルーティで日本酒のような甘みがあり、焼酎に慣れていない人でも抵抗なく飲むことができるやさしい口当たりのタイプが人気を呼んでいる。

　ただし、28ある蔵のそれぞれが独自の蒸留方法を行っており、同じ地域で収穫された米と汲み上げられた水を使っているとは思えないほどその味わいには個性がある。常圧蒸留で造られたものは濃厚で骨太な味わい、減圧蒸留ではスッキリ軽やかな味わいに仕上がる。

　日本人の主食である米を原料とするだけあり、和食との相性も抜群。食事に合わせてオン・ザ・ロックやストレートで楽しむことができる。ひとくくりにできない個性を楽しめるのが米焼酎の魅力といえる。

黒糖焼酎

奄美群島のみでつくられる「和製ラム」

起源は黒糖を使った戦時下の密造酒

　奄美群島では、第二次世界大戦中からアメリカ軍政下の時代に至るまで、黒糖を含むさまざまな原料を使用した酒が密造されていた。

　1953(昭和28)年に奄美群島が日本に復帰後、黒糖は焼酎の原料として認められず、税率がアップすることになった。が、製造者を保護するため、米麹を使うことを条件に黒糖焼酎を乙類焼酎とするという特別の配慮がなされた。

　黒糖はサトウキビの搾り汁を煮詰めて不純物を取り除き固めたものである。強い風味があり、ミネラルやビタミンなどの栄養素も豊富に含んでいる。不純物の残留量や蜜分などの含有率などを基準に特等から等外まで5段階に格付けがされており、黒糖焼酎の原料として使えるのは特等または1等のものに限定されている。黒糖は、釜でお湯と一緒に煮沸溶解し、液体になった状態で使用するのが一般的。米麹に酵母菌などを加えた「1次もろみ」とこの糖液を合わせて発酵させる。

泉重千代さん１００歳超で「長寿の秘訣は黒糖焼酎」

　黒糖というと甘くて高カロリーなイメージがあるが、基本的に蒸留中に糖分は蒸発しないので、黒糖焼酎の糖分はゼロ。また、アルコール以外の成分はわずかしか含まれていないので、他の焼酎よりカロリーが高いということもない。

　同じくサトウキビから造られるラム酒と似た味わいのため、「和製ラム酒」と呼ばれることも。黒糖焼酎とラム酒の違いは米麹を使用するか、しないか。黒糖は本来、米麹なしでアルコールを生成できる。しかし、黒糖焼酎の条件は米麹を使用することとされている。使わないとラム酒と同じになり、酒税法上もスピリッツの扱いになってしまう。

　ロックやストレートで飲めば、黒糖の甘い香りとともに、珊瑚の地層に磨かれたミネラル感たっぷりの風合いを感じることができる。暑さと冷房の効きすぎで体調を崩しやすい夏の時期におすすめしたいのが、黒糖焼酎の常温水割り。常温の焼酎を常温の水で割ることで味と香りに広がりが出る。体を冷やしすぎないというのもいい。

　黒糖焼酎は「長寿の酒」とも呼ばれ、長寿世界一でギネスブックに載った泉重千代さんも１００歳を過ぎたときに「長寿の秘訣は黒糖焼酎の水割り」と語ったと言われている。

泡盛

個性が際立つ沖縄の地酒

米麹のみで造られる焼酎のルーツとされる酒

泡盛は沖縄の地酒であり、米と麹のみで造られる焼酎のルーツともいえる酒である。

米焼酎との違いは、米焼酎がジャポニカ米を使用するのに対し、泡盛は主にインディカ米を使用するという点。ジャポニカ米は炊くともちもちとした食感になり、ねばりも出る。インディカ米は水分、脂質、タンパク質が少ない。安定してアルコールを造り出すことができ、麹造りに適していたので、泡盛の原料として定着したと言われている。泡盛の仕込みの際には米を砕いた「砕米」と呼ばれる米が使用されることが多い。

泡盛の熟成の素晴らしさは世界的に評価されている。ゆっくりと年月を重ねて熟成した泡盛は、新酒の味からは想像もできないほど柔らかく、チョコレートやバニラのように甘く香ばしい香りを備える。もろみをアルコール発酵させる際の温度管理によって味わいも大きく変わり、蔵ごとの個性も出る。

3年以上熟成させた泡盛は「古酒」と表記される。沖縄では、数十年熟成させた古酒を特別な日に小さなお猪口でなめるように味わう習わしがある。残念ながら太平洋戦争の時代に、貴重な古酒はほとんど失われてしまったが、現存する最古の古酒、識名酒造の140年古酒は「沖縄の宝」として甕ごと金庫に納められ、今も熟成を重ねている。

泡盛の新酒でいちばん人気の飲み方は水割りだ。沖縄でも食中酒として日常的に楽しまれている。

ごま焼酎

香ばしい風味で女性にも人気

発酵させたもろみにごまを加えて仕込む

1977（昭和52）年に開発され、現在は福岡県紅乙女酒造の「ごま祥酎　紅乙女」をはじめ、全国で造られているごま焼酎。黒ごま、焙煎ごまなど原料にも個性があり、人気も高まっている。

ごま焼酎の特徴は独特の香ばしさ。米麹または麦麹で一次発酵させたもろみにごまを加えて仕込む。元来、ごまには脂質が多いため、焼酎に油分が残留しすぎると油臭さが出てしまうという、非常に扱いにくい素材にも関わらず、女性にも人気とあって、最近では新たに製造に乗り出す蔵が増えている。

しそ焼酎ほか

爽やかな風味ですっきり飲める

栗、じゃがいも、牛乳など個性派も続々登場

風味豊かで、爽やかな香りが特徴の焼酎も増えてきた。しそ焼酎はその代表格で、近年では「鍛高譚」など有名銘柄も増えた。ほかにも栗焼酎、じゃがいも焼酎、牛乳焼酎など、個性的な銘柄も登場。それらはけっして冷やかし半分でなく、しっかりとした味わいがあることに驚かされる。本格焼酎の原料53種類は下記の通り。36ページからの「達人が厳選！　本当に旨い焼酎」でもいくつかユニークな原料の焼酎を紹介している。

本格焼酎の原料は約53種類

本格焼酎を名乗るためには、下記の主要4原料のほか、国税庁長官が定める49品しか使用できない。

穀類（米、麦など）	芋類	清酒粕	黒糖

（その他の原料）

あしたば　あずき　あまちゃづる　アロエ　ウーロン茶　梅の種　えのきたけ　おたねにんじん　かぼちゃ　牛乳　ぎんなん　くず粉　くまざさ　くり　グリーンピース　こならの実　ごま　こんぶ　サフラン　サボテン　しいたけ　しそ　大根　脱脂粉乳　たまねぎ　つのまた　つるつる　とちのきの実　トマト　なつめやしの実　にんじん　ねぎ　のり　ピーマン　ひしの実　ひまわりの種　ふきのとう　べにばな　ホエイパウダー　ほていあおい　またたび　抹茶　まてばしいの実　ゆりね　よもぎ　落花生　緑茶　れんこん　わかめ

Guide

本格焼酎をもっと美味しく飲む方法

原料や風味に合わせて、さまざまな飲み方が楽しめるのが焼酎の魅力。その極意を探ってみた。

ストレート

芳醇な香りを"生"のまま味わう

焼酎をそのまま楽しむ飲み方。風味や熟成具合をダイレクトに味わえる。熊本県の球磨地方では球磨焼酎をガラと呼ばれる酒器に入れて、ストレートで燗をするスタイルも。小型のグラスで飲むのがスマート。チェイサーの用意も忘れずに！

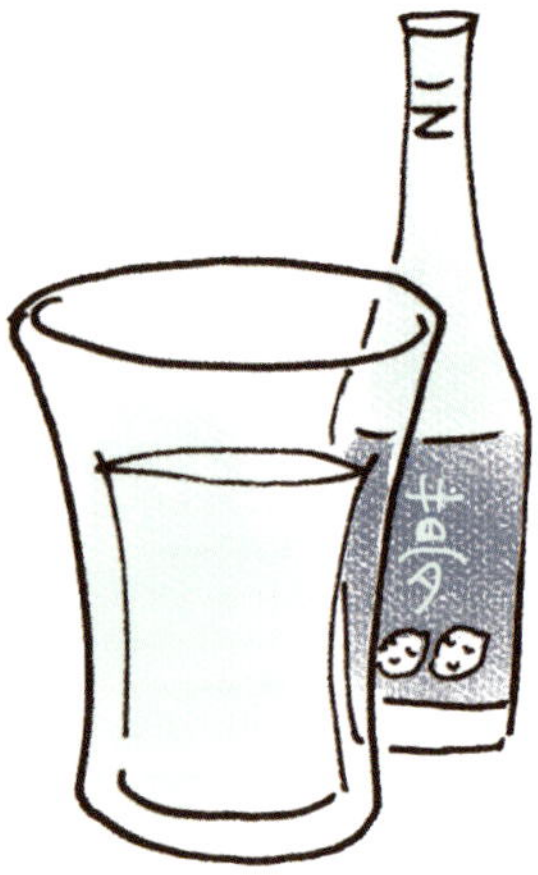

オン・ザ・ロック

溶ける氷を眺めながら変わっていく風味を堪能

楽しみ方は2通り。小さめのロックグラスに少量の焼酎を入れ、氷が溶ける前に一気に味わうのがひとつ。大きなグラスにたっぷり氷を入れ、溶ける間の味わいの変化を楽しむのがもうひとつ。氷の質や形状のグラスにこだわると味わいが深まる。

焼酎マメ知識

ロック向きの焼酎とお湯割り向きの焼酎

人の味覚は温度によって感じ方に差が出る。甘味は低温だと弱く感じ、温めると強く感じるようになる。塩味、苦味、渋味は逆に低温で強く感じ、温めると弱く感じられる。焼酎の旨味成分も温度が高くなると溶け出し、舌によくなじむ。したがって、コクがあって味わい深い焼酎がお湯割り向き。ただし、香味成分が強すぎる焼酎は、お湯割りでクセが際立つことも。焼酎は低温になるほど香味が弱まるので、こちらはむしろオン・ザ・ロック向き。どんな飲み方が適しているか、探してみるのも焼酎の楽しさだ。

パーシャルショット

氷点下にすることでとろみが増しスイートに

アルコール度数が高い原酒などは、氷点下まで冷やすことによって、とろみが増し、甘い口当たりに。アルコールの刺激も弱まるので、度数の高い焼酎を少量たしなむときにおすすめ！

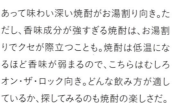

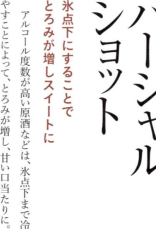

水割り

銘柄や自分の好みに合わせた味を楽しめる

水や氷の質、水の割合で焼酎の香味が大きく変化する飲み方。水割りをつくるときは、焼酎を先に注ぎ、ゆっくり水を注いでいく。かき混ぜずに自然に焼酎と水が混ざり合うのを楽しむのも乙だ。こだわるなら氷をつくる水と割る水を同じにするとより一体感のある味わいが楽しめる。また、氷を入れずに冷蔵庫で冷やしておいた水で割ると、味が薄くならなくていいという人もいる。薄手のグラスを使用すると口当たりがよりスムーズに感じられるはずだ。

焼酎マメ知識

前割りをチョカで温めるのが地元流!?

「前割り」は鹿児島でよく行われるおもてなし用の割り方。飲む前日もしくは数日前に焼酎を水で割っておき、伝統酒器のチョカ（千代香）で寝かせておく。時間をかけて焼酎と水を合わせておくことで、水とアルコール分子が融合し、まろやかな味わいになるのだとか。前割りした焼酎は、チョカで温めて燗にして楽しむのが鹿児島流。温めすぎても香味が飛ぶし、ぬるくてもダメ。絶妙な温度調節をすると通好みの極上の味わいとなる。

お湯割り

温度や時間の経過による香味の変化を楽しむ

本格焼酎のオーソドックスな飲み方のひとつ。お湯で温めることで、旨味や香味が引き立つタイプの焼酎も多い。ポイントは、温度や時間の経過で香味の変化を楽しめること。お湯は75度くらいがベストで、グラスなどの器に湯を注いだ後、焼酎をゆっくり注ぎ入れるのが定番。かき混ぜずに自然に対流させることで、まろやかなお湯割りに仕上がる。バランスは焼酎6：お湯4くらいがベスト。「お湯が先か？ 焼酎が先か？」については常に議論があり、どちらにもよさがある。

焼酎マメ知識

お湯が先か？　焼酎が先か？

同じ温度では水より焼酎のほうが軽いので、お湯を先に入れてから焼酎を入れたほうが自然に混ざり合う。焼酎のアルコール分が揮発しにくいので、口当たりもまろやかになる。焼酎の持つ個性を味わいたいならこちらで。焼酎が先で、後からお湯を注ぐ場合、香味が引き立つ刺激の強いお湯割りになるケースが多い。銘柄によっては、こちらも試してみるといいだろう。

お湯が先のメリット

- 焼酎の持つ個性が損なわれにくい
- 焼酎との温度差で混ざりやすい
- 口当たりがまろやかになる

焼酎が先のメリット

- 焼酎の量をコントロールしやすい
- ドライな口当たりに仕上がる

酒器で深まる焼酎の世界

九州や沖縄には、焼酎・泡盛に合ったさまざまな酒器がある。
各地の伝統を受け継ぐ酒器で呑めば、焼酎の味わいはさらに深まるはず。

鹿児島県

チョカ（千代香）

芋焼酎のお燗といえば「チョカ」と呼ばれるほど鹿児島ではポピュラーな酒器。黒千代香、白千代香がある。飲み終えても水洗いをしないことで、使い込んでいくうちに焼酎が染み込み味わい深くなるという。

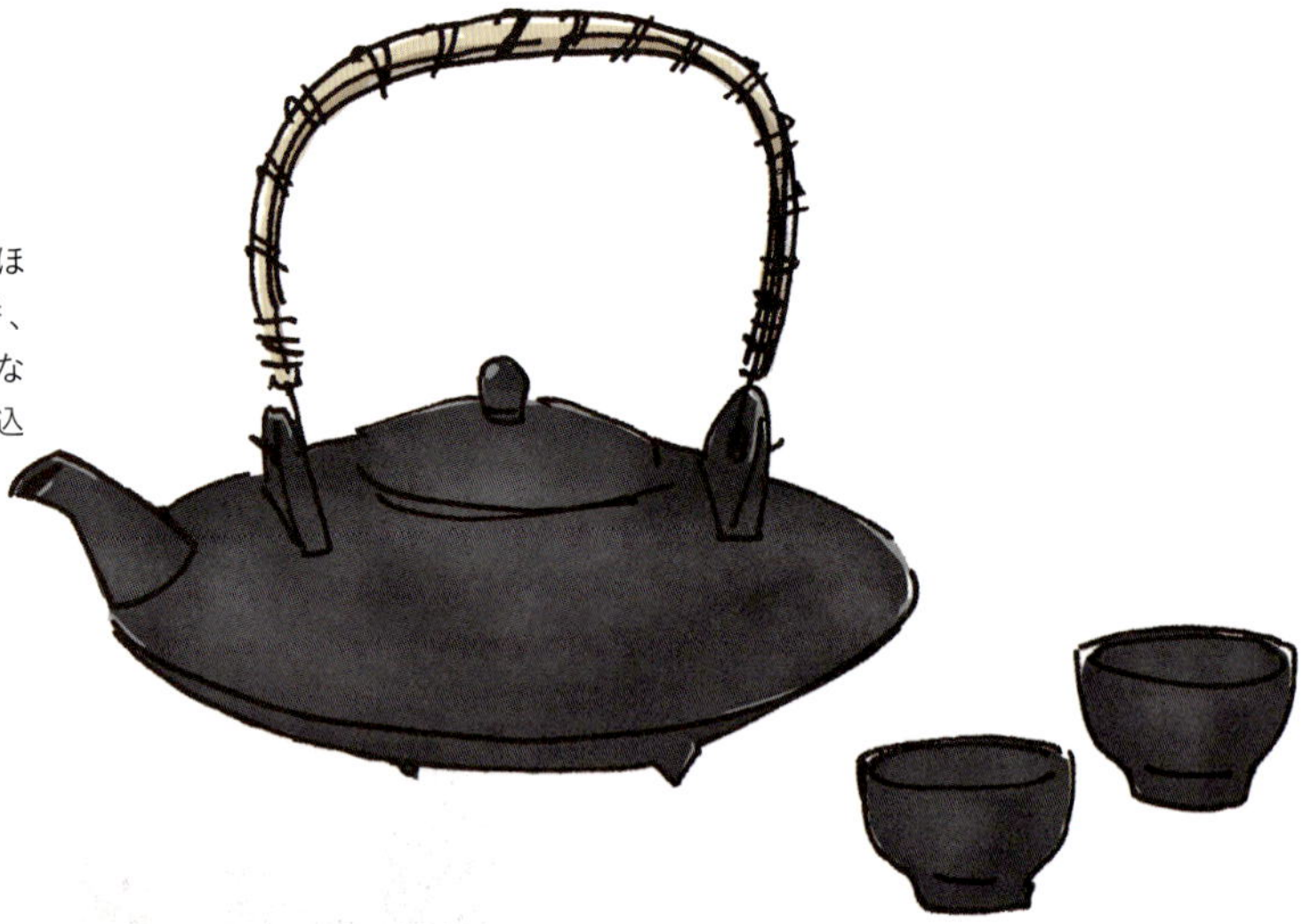

薩摩切子

クリスタル製の小ぶりなグラス。ブルー、紫など鮮やかな色彩と繊細なカットが魅力。1脚数万円という非常に高価なものが多い。

熊本県

そらきゅう

コマのように底の部分がとがっており、酒を飲み干さなければ、下に置けないという盃。「ソラッ」と差し出されたお酒を「キュッ」と飲み干したのがこの名の由来。

ガラとチョク

古くから熊本県の球磨地方で使われていた陶器の酒器。球磨焼酎を「ガラ」に入れ囲炉裏や火鉢で燗をして、「チョク」と呼ばれる小ぶりの盃で飲む習慣があった。

沖縄県

カラカラ

沖縄生まれの広く愛用されている酒器。沖縄の方言で「貸して」は「から」。主席ではあちこちで泡盛が飲まれるため、「貸して、貸して」が「カラカラ」になったのが語源と言われる（諸説あり）。

「通」はラベルで焼酎を見分ける

焼酎のラベルには、商品の銘柄や産地、原材料名など多くの情報が詰まっている。
「通」は、ラベルを見れば、だいたいの味の予想がつくのだとか……。

◎本格焼酎「小牧」の場合

仕込みの特徴

独自の仕込みの方法を採用している場合はラベルに大きく表記されている。「小牧」の場合も自家製のカメで仕込んだことを強調。

地理的認定マーク

球磨、琉球、壱岐、薩摩といった地理的表示に関する認定マークもある。頭に入れておくと判断基準になる。

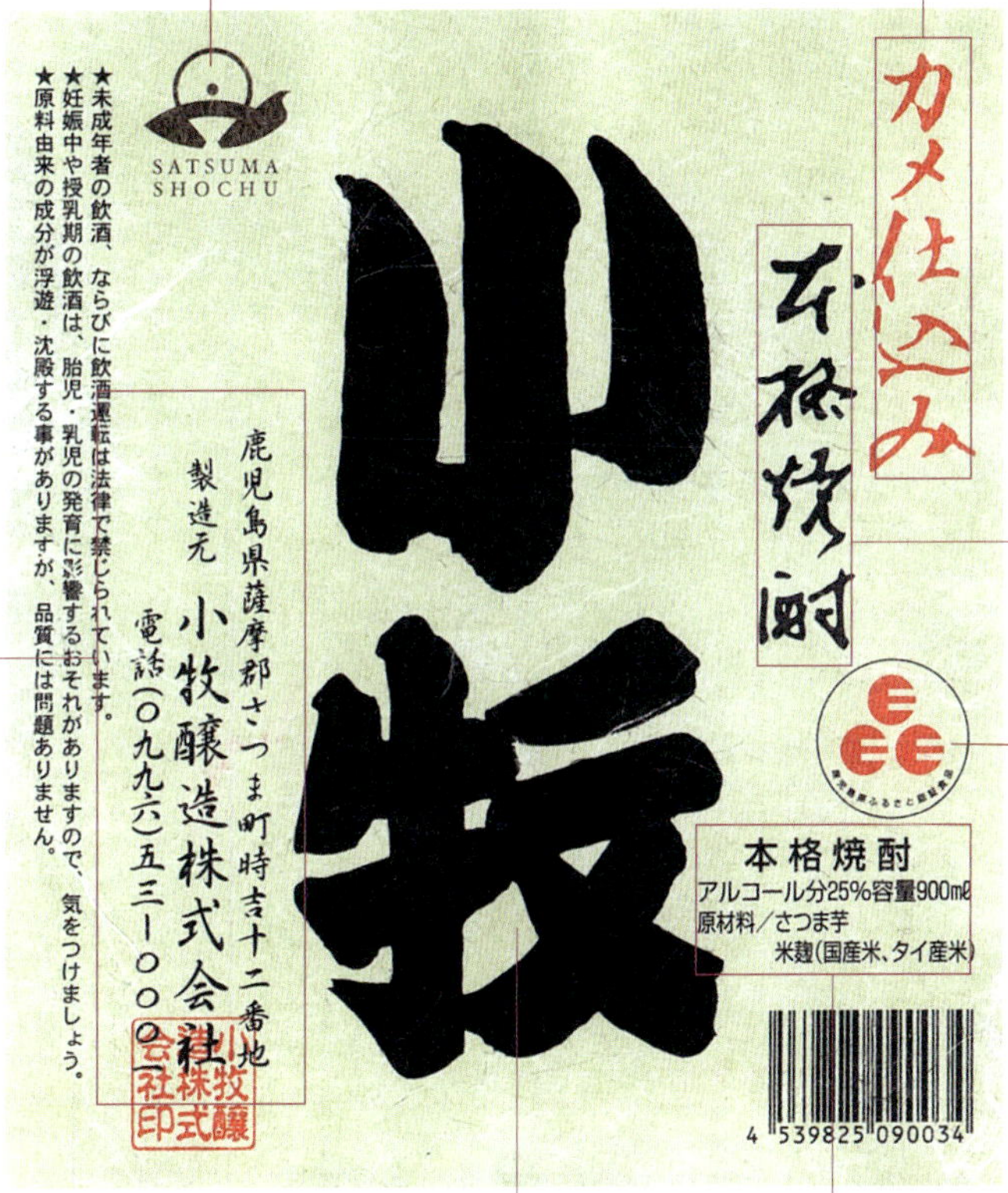

本格焼酎表記

「本格焼酎」であることを表記できるのは、選ばれた焼酎のみ。「本格焼酎」以外では、「焼酎乙類」「焼酎甲類」などの表記も。

蔵元情報

蔵元の住所や電話番号が記載されている。

Eマーク

「ふるさと認証食品マーク」と呼ばれるもの。県産原材料のよさを活かした特産品に対し、都道府県庁から認証が与えられる。信頼の印だ。

ブランド名

各社趣向を凝らしたネーミング＆デザインでアピール。小規模の蔵元でも有名デザイナーにロゴを依頼しているケースもある。

原料・麹

焼酎は、使用量の多いものから順に表記することが義務づけられている。原材料や麹の種類まで細かく表記されていることが多い。

地理的表示

球磨、琉球、壱岐、薩摩の4産地名は、世界貿易機関のTRIPS協定という知的財産を守る国際協定に基づき、日本が定めた「地理的表示に関する表示基準」の中で保護されている。その地域の特産品として然るべき品質の製品のみ地理的表示が可能になる。

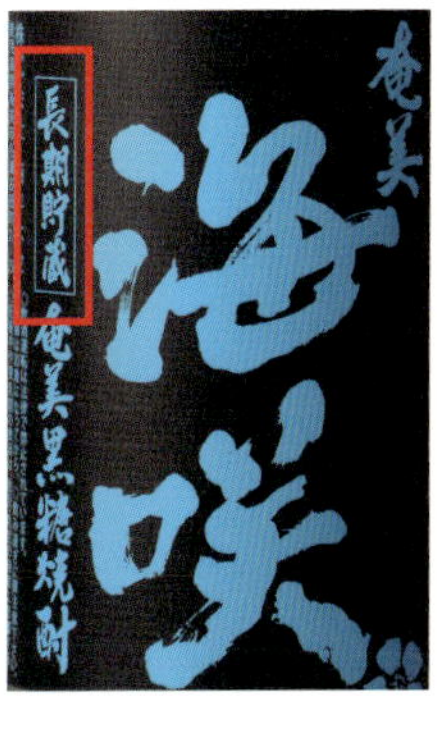

特定用語

公正競争規約による表示規定により、以下のような表示が定められている。

◎原酒：蒸留後に水、添加物を一切加えず、アルコールが36%以上のもの

◎長期貯蔵：3年以上貯蔵したものがブレンド後の総量の50%以上を占める

◎手造り：麹蓋を用いて、自然換気保温室で自然の換気、通気と手入れ撹拌によって製造した麹によって造られた単式蒸留焼酎　など

Guide

座談会

ようこそ!! めくるめく焼酎の世界へ

焼酎の魅力、そして楽しみ方とは? 焼酎のソムリエである「焼酎唎酒師」の認定講座にて講師を務めるNPO法人FBOの長田卓さんと、講座を受講したおふたりに、魅惑的な焼酎の世界について語っていただいた。

やはり、産地の料理と合わせるのがいちばん！

長田：おふたりが焼酎に興味を持ったきっかけは？

井上：僕は、九州の食材を使った焼酎ダイニングを営んでいて、焼酎の銘柄や飲み方について詳しく知りたいと思ったことがきっかけです。お客さんの好みや料理に合わせて、最適な焼酎をおすすめできるようになりたくて。

中村：わたしは、日本酒のよさを広めるためのソーシャルメディアを運営していることもあって、日本酒に関してはかなり詳しくなったんです。日本酒と同じく和を代表するお酒である焼酎についても学ぶことで、双方をさらに効果的にPRできるようになるのではないかと思い、興味を持つようになりました。

長田：焼酎のことを詳しく知るようになって、見方が変わったことはありますか？

井上：焼酎の製造方法から知ることで、造り手それぞれのこだわりが理解できるようになりましたね。焼酎の造り方をさらに詳しく知るために、毎年仕込みの時期になると九州の蔵元に見学に出かけています。そして、夜は蔵元の方に地元の居酒屋に連れて行ってもらい、杜氏直伝のおすすめの飲み方を教えてもらうんです。東京だと、焼酎といえば熱々のお湯割りかロックで飲む人が多いと思いますが、実は地元の人はぬるめのお湯割りで飲んでいたりする。焼酎を造っているその土地に行かなければわからないことも多いですね。

中村：私は以前、泡盛の独特な香りが苦手だったのですが、沖縄へ行って灼熱の太陽のなか沖縄料理と一緒に冷たい泡盛を飲んだらすごくおいしくて。それ以来、東京でも、沖縄料理屋めぐりをするほど泡盛にはまってしまった経験があります。

長田：焼酎や泡盛は、古くから親しまれているその土地の郷土料理と合わせて楽しむのが一番ですよね。

焼酎造りには土地柄や過去の政治的事情、食糧事情が深く関係しています。なぜ、東京の伊豆諸

「焼酎唎酒師」認定講座受講生

中村 有紀さん *Yuki Nakamura*

日本酒の良さを広めるキュレーションサイト「SAKE美人」を運営。日本酒のソムリエである「唎酒師」の資格取得者でもある。好きな焼酎は泡盛。

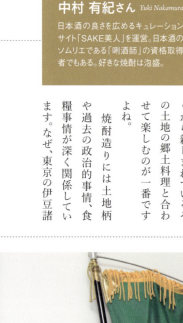

島で芋焼酎が造られるようになったのか、いつから沖縄では「泡盛」が親しまれるようになったのか。それぞれの物語に複雑な背景がある点も、焼酎のおもしろいところです。

飲み方は無限！カジュアルに楽しんでほしい

井上：例えばワインの場合、赤は肉料理、白は魚料理、といった決まりごとがありますが、焼酎は選び方や飲み方がカジュアル。蔵元へ行くと、造り手のこだわりが強いほど、割り方に関しては「好きなように飲めばいいよ」と言ってくれる人が多い印象がありますね。

長田：昔から庶民に親しまれてきた安価な焼酎だからこそ、楽しみ方も無限なんですよね。家庭で飲む場合、ロックやお湯割りなど、自分で様々な飲み方を試してみてほしいと思います。芋焼酎といえばお湯割り、というイメージを持つ人もいるかもしれませんが、氷を入れたからといって風味が損なわれるわけではないし、むしろ後味のキレの良さが引き立つかもしれない。割り方による味の違いも楽しんでほしいと思います。おふたりはどんな飲み方で楽しんでますか？

「焼酎唎酒師」認定者
井上 亮さん *Ryo Inoue*
東京・八丁堀で、約200種の焼酎と九州の郷土料理を味わえる「焼酎Diningだけん」を営む。「焼酎唎酒師」の資格を接客に生かしている。

井上：僕は、芋焼酎をぬるめのお湯割りで飲むのが好きですね。あと、意外と焼酎は洋食でも合うんですよ。

　例えば、火を入れたトマトやチーズに米焼酎のお湯割りを合わせれば、それぞれの素材の風味がより引き立ちます。それから、バニラアイスやレモンシャーベットなどのデザートに黒糖焼酎などを垂らして食べるのもおすすめ。

中村：私の場合、よくコンビニで、アイスコーヒーを飲むための氷入りのカップと焼酎の小瓶を買って、即席のオン・ザ・ロックにして飲んでいます。バーベキューやちょっとしたピクニックなどの際に持ち運びに便利ですよ。

　最近は、ワイングラスで飲むことを想定したフルーティな焼酎や、デザートカクテルのような味がするものなどさまざまな焼酎が販売されているので、焼酎ビギナーの女性にも、ぜひ興味を持って飲んでほしいですね。焼酎はほかのお酒に比べて健康的なので、ダイエット中でも飲めちゃいます。

長田：詳しくなればなるほど、楽しみ方が広がるのが焼酎の魅力です。その魅惑の世界に足を一歩踏み入れるきっかけとして、「焼酎唎酒師」の講座を活用してほしいですね。

井上：自分の店では、お客さんにベストな銘柄と飲み方をおすすめできるようになりましたし、正しい管理法や酒器の選び方もわかるようになり、あらゆる点で店のレベルがアップしました。

「焼酎唎酒師」「焼酎アドバイザー」認定講座講師
長田 卓さん *Taku Nagata*
NPO法人FBO研究室長・SSI理事兼研究室長。主な著書に『焼酎の基』（NPO法人FBO）、主な監修書に『焼酎手帳』（東京書籍）などがある。

「焼酎唎酒師」の資格を持っているとことでプロ意識が高まります。季節ごと、ターゲットごとのおすすめも自信を持ってできるようになりました。

中村：私は、お店に行って好きな焼酎を語り合うなど、コミュニケーションの幅が広がったと感じています。また、外国の人に、日本酒とともに焼酎という素晴らしいお酒の魅力を伝えられるようになりましたね。お酒は人の輪を広げるもの。今後は、井上さんのように蔵元へ見学に出かけ、さらに焼酎の楽しみ方を追究していきたいと思っています。

長田：「焼酎唎酒師」は、簡単に取得できるような資格ではありません。しかし、時間をかけて興味を持って取り組めばさまざまな発見があります。

　さらに、自店の売り上げが上がったり、焼酎を知ることで人生の楽しみ方の幅が広がるなど、得られるものは多々あると思います。幅広い年齢の方が講座を受講していますので、少しでも多くの方にチャレンジしてほしいと思います。

「焼酎唎酒師」って？

香り・味わいを提案する焼酎のソムリエ

「焼酎唎酒師」はNPO法人FBO（料飲専門家団体連合会）が公認、日本酒サービス研究会・酒匠研究会連合会（SSI）が認定を行う資格。焼酎のプロフェッショナルであるこの資格は、飲食店・酒販店はもちろんのこと、近年ではより焼酎を楽しみたいという一般愛好家の取得も増えている。

　試験では、焼酎の知識はもちろん、酒類全般の基礎から焼酎の香りと味わいを的確に把握し提案するためのテイスティング力やサービス力が問われる。試験は東京をはじめ主要都市にて定期的に実施。

■焼酎唎酒師に関するお問い合わせ先
日本酒サービス研究会・酒匠研究会連合会（SSI）
TEL：03-5615-8205（代表）　FAX：03-5615-8200

本当に旨い 焼酎87選

達人が厳選!!

焼酎の基礎から、製造、商品知識、販売、マーケティングなどさまざまな知識を身につけた焼酎の達人が芋・麦・米・黒糖・泡盛ほかの焼酎を厳選。自分好みの1本と出会うためのガイドに。

データの見方

界《かい》

香 フレイバータイプ　軽 ライトタイプ　豊 リッチタイプ　個 キャラクタータイプ

産　地◎鹿児島県
酒蔵所◎東酒造

SPEC◎
酒蔵住所／鹿児島県鹿児島市
小松原1-37-1
内 容 量／1800ml、720ml
価　　格／2462円（1800ml）、1404円（720ml）
原材料名／さつまいも、米こうじ
アルコール度数／25度

飲み方のおすすめ◎
ロック、水割り

タイプ◎
香りの強さ ◆◆◆
クセの強さ ◆
スッキリ感 ◆◆◆◆◆
原 材 料 感 ◆◆
レ　ア　度 ◆◆◆◆

達人コメント◎
2年以上貯蔵した黒麹原酒と数種類の白麹酒を巧みにブレンド。クセがなく、優しく上品な芋の甘み、後味に感じる爽やかな余韻が特徴。芋焼酎を飲み慣れない人にもおすすめできる。

焼酎の4タイプ分類。
詳しい内容はP23参照。

内容量・価格（税込）は専門店「焼酎オーソリティ」（P73参照）で販売のものです。「飲み方のおすすめ」は、あくまでも参考です。

それぞれのタイプを5段階で評価しています。

「飲み方のおすすめ」「タイプ」「達人コメント」は、専門店「焼酎オーソリティ」の店長、中村尚吾さん（P73参照）のアドバイスによるものです。

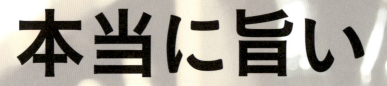

30度
HARUSAME
カリー
春雨
はるさめ
琉球泡盛
市来焼酎
大和桜
薩摩
やまとざくら
キャップ
900ml詰
未成年者の飲酒は法律で禁じられています。
妊娠中や授乳期の飲酒はお控え下さい。お酒はおいしく適量を。
本格焼酎
界

芋

imo

芋本来の香りが焼酎好きを虜にする

さつまいもから造られる芋焼酎は、その独特な香りが焼酎好きを惹き付ける。逆にその芋臭さが苦手な人もいるが、近年は芋の香りを抑えた、女性に人気の銘柄も登場。ふくよかな味と香りを楽しもう。

界《かい》 香風《かふう》 豊

産　地◎鹿児島県
酒蔵所◎東酒造

SPEC◎
酒蔵住所／鹿児島県鹿児島市小松原1-37-1
内 容 量／1800ml、720ml
価　　格／2700円（1800ml）、1512円（720ml）
原材料名／さつまいも、米こうじ
アルコール度数／25度

飲み方のおすすめ◎
ロック、水割り

タイプ◎
香りの強さ ◆◆◆
クセの強さ ◆◆
スッキリ感 ◆◆◆
原 材 料 感 ◆◆◆
レ　ア　度 ◆◆◆

達人コメント◎
和甕で貯蔵した黒麹原酒と追麹原酒をブレンド。優しく気品のある香りと僅かに使われた黄麹由来の柔らかな口当たり。黒麹らしい力強い味わいが感じられ、口の中に深い旨みが広がる。

界《かい》 軽

産　地◎鹿児島県
酒蔵所◎東酒造

SPEC◎
酒蔵住所／鹿児島県鹿児島市小松原1-37-1
内 容 量／1800ml、720ml
価　　格／2462円（1800ml）、1404円（720ml）
原材料名／さつまいも、米こうじ
アルコール度数／25度

飲み方のおすすめ◎
ロック、水割り

タイプ◎
香りの強さ ◆◆◆
クセの強さ ◆
スッキリ感 ◆◆◆◆◆
原 材 料 感 ◆◆
レ　ア　度 ◆◆◆◆

達人コメント◎
2年以上貯蔵した黒麹原酒と数種類の白麹酒を巧みにブレンド。クセがなく、優しく上品な芋の甘み、後味に感じる爽やかな余韻が特徴。芋焼酎を飲み慣れない人にもおすすめできる。クセがなく、優しく上品な芋の甘み、後味に感じる爽やかな余韻が特徴。芋焼酎を飲み慣れない人にもおすすめできる。

特撰《とくせん》 明石《あかし》 豊

産　地◎宮崎県
酒蔵所◎明石酒造

SPEC◎
酒蔵住所／宮崎県えびの市大字栗下61-1
内 容 量／720ml
価　　格／1296円
原材料名／芋さつまいも、米、米こうじ
アルコール度数／22度

飲み方のおすすめ◎
ロック

タイプ◎

香りの強さ	◆◆◆
クセの強さ	◆◆
スッキリ感	◆◆◆◆
原材料感	◆◆◆
レア度	◆◆◆◆

達人コメント◎
『ロックがうまい』を追求。試行錯誤の結果、白麹仕込みの原酒を22度に割り水。わずかに米焼酎をブレンドしたことで、爽やかな芋の風味の後にほんのりとした甘みが感じられる。

かぶと鶴見《つるみ》 豊

産　地◎鹿児島県
酒蔵所◎大石酒造

SPEC◎
酒蔵住所／鹿児島県阿久根市
　　　　　波留1676
内 容 量／1800ml、720ml
価　　格／3394円(1800ml)、1538円(720ml)
原材料名／さつまいも(シロユタカ)、米こうじ
アルコール度数／25度

飲み方のおすすめ◎
ロック、お湯割り

タイプ◎

香りの強さ	◆◆◆◆
クセの強さ	◆◆◆◆
スッキリ感	◆◆◆
原材料感	◆◆◆◆
レア度	◆◆◆◆

達人コメント◎
手間のかかる古式かぶと釜でじっくりと蒸留を行った贅沢な1本。木や熟した果物を想わせる香り、アルコールの刺激は少なく、芋の甘みを強く感じる、滋味にあふれた飲み口。

大和桜《やまとざくら》 豊

産　地◎鹿児島県
酒蔵所◎大和桜酒造

SPEC◎
酒蔵住所／鹿児島県いちき串木野市
　　　　　湊町3-125
内 容 量／1800ml、900ml
価　　格／2365円(1800ml)、1326円(900ml)
原材料名／さつまいも、米こうじ
アルコール度数／25度

飲み方のおすすめ◎
ロック、お湯割り

タイプ◎

香りの強さ	◆◆◆◆
クセの強さ	◆◆◆
スッキリ感	◆◆◆
原材料感	◆◆◆◆
レア度	◆◆◆◆

達人コメント◎
ラベルはニッカウヰスキーの『ヒゲの王様』を手がけた大高重治のデザイン。全工程を手作業で行い、昔ながらの甕仕込みで造り上げた。しっかりとした芋の風味がありながらも口当たりは柔らか。

摩無志《まむし》 豊

産　地◎宮崎県
酒蔵所◎古澤醸造

SPEC◎
酒蔵住所／宮崎県日南市
大堂津4-10-1
内 容 量／1800ml、720ml
価　　格／2880円（1800ml）、
1491円（720ml）
原材料名／さつまいも、米こうじ
アルコール度数／25度

飲み方のおすすめ◎
ロック

タイプ◎

香りの強さ ◆◆◆◆
クセの強さ ◆◆
スッキリ感 ◆◆◆
原 材 料 感 ◆◆◆
レ　ア　度 ◆◆◆◆

達人コメント◎
甕仕込み、甕貯蔵の選び抜かれた原酒をブレンド。ココアのような香ばしさの後に、ほんのりとした芋の風味が感じられる。あと口はスッと引き、芋の香りと甘みが余韻として残る。

破壊王《はかいおう》 個

産　地◎鹿児島県
酒蔵所◎神酒造

SPEC◎
酒蔵住所／鹿児島県出水市
高尾野町大久保239
内 容 量／500ml
価　　格／1576円
原材料名／さつまいも、米こうじ（タイ産米）
アルコール度数／43度

飲み方のおすすめ◎
パーシャルショット

タイプ◎

香りの強さ ◆◆◆◆◆
クセの強さ ◆◆◆◆◆
スッキリ感 ◆◆◆◆
原 材 料 感 ◆◆
レ　ア　度 ◆◆◆

達人コメント◎
プロレスラーの故・橋本真也が命名。蒸留の最初に得られる『初留』だけを使用。バナナのような独特な香りと、アルコール感の強さが特徴のパンチのきいた味わい。冷凍庫で冷やしてショットグラスで。

芋

甚七《じんしち》 豊

産　地◎鹿児島県
酒蔵所◎大山甚七商店

SPEC◎
酒蔵住所／鹿児島県指宿市西方4657
内 容 量／1800ml、720ml
価　　格／2700円（1800ml）、1404円（720ml）
原材料名／さつまいも、米こうじ
アルコール度数／25度

飲み方のおすすめ◎
ロック、お湯割り

タイプ◎
香りの強さ ◆◆◆◆
クセの強さ ◆◆◆
スッキリ感 ◆◆
原 材 料 感 ◆◆◆◆
レ　ア　度 ◆◆◆

達人コメント◎
初代より伝承の甕壺仕込み。焼き芋のような香ばしさと軽やかな甘みと和甕特有の柔らかな飲み口。ほどよい芋の風味と重すぎない味わいは、芋焼酎好きに広くすすめられる。

枕崎《まくらざき》 豊

産　地◎鹿児島県
酒蔵所◎薩摩酒造

SPEC◎
酒蔵住所／鹿児島県枕崎市
立神本町26
内 容 量／1800ml、720ml
価　　格／3024円（1800ml）、1645円（720ml）
原材料名／さつまいも、米こうじ
アルコール度数／25度

飲み方のおすすめ◎
お湯割り・ストレート

タイプ◎
香りの強さ ◆◆◆◆
クセの強さ ◆◆◆
スッキリ感 ◆◆
原 材 料 感 ◆◆◆◆
レ　ア　度 ◆◆◆

達人コメント◎
南薩摩産の黄金千貫を使い、国産の麹米で白麹仕込み。100年以上使われてきた和甕で仕込まれた甘くふくよかで上品な香りと、まろやかでスパッと切れるあと口。黒瀬杜氏の技を感じる逸品。

伝《でん》 豊

産　地◎鹿児島県
酒蔵所◎濱田酒造

SPEC◎
酒蔵住所／鹿児島県いちき串木野市
湊町4-1
内 容 量／1800ml、720ml
価　　格／3027円（1800ml）、1459円（720ml）
原材料名／さつまいも、米こうじ
アルコール度数／25度

飲み方のおすすめ◎
ロック

タイプ◎
香りの強さ ◆◆◆◆
クセの強さ ◆◆◆◆
スッキリ感 ◆◆
原 材 料 感 ◆◆◆
レ　ア　度 ◆◆◆

達人コメント◎
清酒造りに使われる黄麹を使い、甕仕込み、木桶蒸留、甕貯蔵の伝統製法にこだわる。どっしりと心地よい芋の香りのなかにもフルーティさを感じ、洗練された味わいを持ち合わせる。

七窪《ななくぼ》 香

産　地◎鹿児島県
酒蔵所◎東酒造

SPEC◎
酒蔵住所／鹿児島県鹿児島市
小松原1-37-1
内 容 量／1800ml、720ml
価　　格／3294円（1800ml）、
1728円（720ml）
原材料名／さつまいも、米こうじ
アルコール度数／25度

飲み方のおすすめ◎
ロック、水割り

タイプ◎

香りの強さ	◆◆◆
クセの強さ	◆
スッキリ感	◆◆◆◆
原材料感	◆◆
レア度	◆◆◆

達人コメント◎
黄金千貫を白麹で仕込み、減圧蒸留。ほのかな芋の香りとふわりとした甘みが感じられる。口当たりはとても優しく、クセや雑味をまったく感じさせない軽やかな味わい。

伊佐大泉《いさだいせん》 豊

産　地◎鹿児島県
酒蔵所◎大山酒造

SPEC◎
酒蔵住所／鹿児島県伊佐市菱刈荒田3476
内 容 量／1800ml、900ml
価　　格／1937円（1800ml）、1026円（900ml）
原材料名／さつまいも（黄金千貫、シロユタカ）、
米こうじ
アルコール度数／25度

飲み方のおすすめ◎
ロック、お湯割り

タイプ◎

香りの強さ	◆◆◆◆
クセの強さ	◆◆◆
スッキリ感	◆◆◆
原材料感	◆◆◆◆
レア度	◆◆◆

達人コメント◎
蔵元の大山酒造は、この一銘柄のみを製造。原料芋に地元産のシロユタカを使い、白麹仕込み。白麹特有のキレの良さと、しっかりとした芋の風味が心地よい。飲み方を選ばないバランスがいい。

相良仲右衛門《さがらちゅうえもん》 豊

産　地◎鹿児島県
酒蔵所◎相良酒造

SPEC◎
酒蔵住所／鹿児島県鹿児島市柳町5-6
内 容 量／1800ml、900ml
価　　格／2468円（1800ml）、1382円（900ml）
原材料名／さつまいも、米こうじ
アルコール度数／30度

飲み方のおすすめ◎
ロック、お湯割り

タイプ◎

香りの強さ	◆◆◆◆◆
クセの強さ	◆◆◆◆
スッキリ感	◆◆
原材料感	◆◆◆◆
レ　ア　度	◆◆◆

達人コメント◎
黒麹の旨みを引き出すためにアルコール度数を30度にし、そのための蒸留法や熟成法も独自に開発。強い芋の香りと、旨みを閉じ込めた濃厚な味わい。このコクと深みはぜひお湯割りで。

かね松《まつ》 貴匠蔵《きしょうぐら》 豊

産　地◎鹿児島県
酒蔵所◎本坊酒造

SPEC◎
酒蔵住所／鹿児島県南さつま市
　　　　　加世田津貫6594
内 容 量／720ml
価　　格／2376円
原材料名／さつまいも、米こうじ
アルコール度数／25度

飲み方のおすすめ◎
ロック、お湯割り

タイプ◎

香りの強さ	◆◆◆◆
クセの強さ	◆◆◆
スッキリ感	◆◆
原材料感	◆◆◆◆
レ　ア　度	◆◆◆◆

達人コメント◎
全量有機栽培の原料で昔ながらの仕込みをおこない、温度変化の少ない石蔵の甕壷で貯蔵熟成。香りの芳醇さと熟成によるまろやかな口当たり、しっかりとした芋の旨みも感じられる。

秀水《しゅうすい》 軽

産　地◎鹿児島県
酒蔵所◎指宿酒造

SPEC◎
酒蔵住所／鹿児島県指宿市池田6173-1
内 容 量／1800ml、720ml
価　　格／2122円（1800ml）、
　　　　　1080円（720ml）
原材料名／さつまいも、米こうじ
アルコール度数／25度

飲み方のおすすめ◎
ロック

タイプ◎

香りの強さ	◆◆
クセの強さ	◆
スッキリ感	◆◆◆◆◆
原材料感	◆◆
レ　ア　度	◆◆◆

達人コメント◎
隠し金山の麓から湧出する伏流水と南薩産のさつま芋を使い、低温発酵させたもろみを減圧蒸留することで、甘味だけを引き立たせ、クセの無いフルーティな香りに仕上げている。

杜氏潤平《とうじじゅんぺい》 紅芋原酒《べにいもげんしゅ》

豊

産　地◎宮崎県
酒蔵所◎小玉醸造

SPEC◎

酒蔵住所／宮崎県日南市飫肥8-1-8
内 容 量／500ml
価　　格／2211円
原材料名／さつまいも、米こうじ（宮崎県産米）
アルコール度数／38度

飲み方のおすすめ◎

ストレート

タイプ◎

香りの強さ ◆◆◆◆
クセの強さ ◆◆◆◆
スッキリ感 ◆◆
原 材 料 感 ◆◆◆◆
レ　ア　度 ◆◆◆◆◆

達人コメント◎

気鋭の杜氏が宮崎県串間産の紅芋を全量使用して造る芋焼酎原酒。同じ原酒を年4回に分けて瓶詰め。絶妙な味わいと熟成感の違いが楽しめる。繊細な香りとしっかりした甘みが特徴。

甕雫《かめしずく》

香

産　地◎宮崎県
酒蔵所◎京屋酒造

SPEC◎

酒蔵住所／宮崎県日南市
　　　　　大字平野4299
内 容 量／1800ml、900ml
価　　格／4217円（1800ml）、2931円（900ml）
原材料名／さつまいも（宮崎紅寿芋）、米こうじ
アルコール度数／20度

飲み方のおすすめ◎

ロック

タイプ◎

香りの強さ ◆◆
クセの強さ ◆◆
スッキリ感 ◆◆
原 材 料 感 ◆◆
レ　ア　度 ◆◆◆◆

達人コメント◎

有機栽培の紅寿芋を使用し、伝統の大甕で丁寧に仕込まれた。気品のある香りと、爽やかな飲み口が特徴。甕から柄杓ですくうスタイルで、パーティなどへの手土産としてもおすすめ。

芋

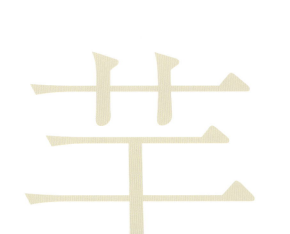

?ないな 軽

産　地◎宮崎県
酒蔵所◎明石酒造

SPEC◎
酒蔵住所／宮崎県えびの市大字栗下61-1
内 容 量／1800ml、900ml
価　　格／2700円（1800ml）、1620円（900ml）
原材料名／さつまいも、米こうじ、米
アルコール度数／25度

飲み方のおすすめ◎
ロック、水割り

タイプ◎

香りの強さ	◆◆
クセの強さ	◆◆
スッキリ感	◆◆◆◆
原材料感	◆◆◆
レア度	◆◆◆◆

達人コメント◎
年間400石しか製造されない希少品。米焼酎を少量ブレンドすることで、華やかな香りと柔らかで上品な飲み口、キレのあるあと口に仕上がっている。クセがなく和食の味を引き立てる。

さつま黒島美人《くろしまびじん》

産　地◎鹿児島県 豊
酒蔵所◎長島研醸

SPEC◎
酒蔵住所／鹿児島県出水郡
長島町平尾387
内 容 量／1800ml、900ml
価　　格／1905円（1800ml）、997円（900ml）
原材料名／さつまいも、米こうじ
アルコール度数／25度

飲み方のおすすめ◎
ロック、水割り

タイプ◎

香りの強さ	◆◆◆
クセの強さ	◆◆◆
スッキリ感	◆◆
原材料感	◆◆◆◆
レア度	◆◆◆◆

達人コメント◎
鹿児島ではトップクラスの人気を誇る『さつま島美人』の黒麹版。地元の5つの蔵元の黒麹原酒を巧みにブレンドし熟成。黒麹特有の深みと香ばしさ、しっかりした甘みで飲みごたえあり。

蔵《くら》の伝承《でんしょう》 豊

産　地◎鹿児島県
酒蔵所◎原口酒造

SPEC◎
酒蔵住所／鹿児島県日置市吹上町入来652
内 容 量／1800ml、720ml
価　　格／2646円（1800ml）、
1540円（720ml）
原材料名／さつまいも（鹿児島県産ベニサツマなど）、米こうじ
アルコール度数／25度

飲み方のおすすめ◎
ロック、ストレート

タイプ◎

香りの強さ	◆◆◆◆
クセの強さ	◆◆◆◆
スッキリ感	◆◆
原材料感	◆◆◆◆
レア度	◆◆◆◆◆

達人コメント◎
芋と麹を同時に仕込む『丼仕込』という明治時代の造りを再現し、錫蛇管（すずじゃかん）の蒸留器で蒸留。どっしりとコクのある味わいと、紅芋ならではの濃厚な甘みを同時に感じる。

夢尽蔵《ゆめじんぞう》 安納《あんのう》 豊

産　地◎鹿児島県
酒蔵所◎種子島酒造

SPEC◎
酒蔵住所／鹿児島県西之表市
西之表13589-3
内 容 量／1800ml、720ml
価　　格／2962円（1800ml）、1542円（720ml）
原材料名／さつまいも、米こうじ
アルコール度数／25度

飲み方のおすすめ◎
ロック、ストレート

タイプ◎

香りの強さ	◆◆◆◆
クセの強さ	◆◆
スッキリ感	◆◆◆
原材料感	◆◆◆◆
レア度	◆◆◆

達人コメント◎
スイーツの材料に人気の甘みの強い『安納芋』を使った黒麹甕仕込み。甘みのある香りと黒麹特有の香ばしさ、ふくよかな味わいは、まずはストレート、次にクラッシュアイスでのロックがおすすめ。

芋製《いもせい》 七夕《たなばた》 豊

産　地◎鹿児島県
酒蔵所◎田崎酒造

SPEC◎
酒蔵住所／鹿児島県いちき串木野市
大里696
内 容 量／1800ml、720ml
価　　格／2138円（1800ml）、1106円（720ml）
原材料名／さつまいも、米こうじ
アルコール度数／25度

飲み方のおすすめ◎
ロック、お湯割り

タイプ◎

香りの強さ	◆◆◆◆
クセの強さ	◆◆◆
スッキリ感	◆◆◆
原材料感	◆◆◆
レア度	◆◆◆◆

達人コメント◎
田崎酒造のメインブランド『七夕』の2年熟成。芋の香りとともにナッツのような熟成香と芋本来の甘みが口中に広がる。口当たりは柔らかく、まろやかでコクのあるソフトな味わい。

黄麹蔵《きこうじくら》 豊

産　地◎鹿児島県
酒蔵所◎国分酒造

SPEC◎
酒蔵住所／鹿児島県霧島市国分川原1750
内 容 量／1800ml、720ml
価　　格／2355円（1800ml）、1311円（720ml）
原材料名／さつまいも、米こうじ、黄こうじ
アルコール度数／25度

飲み方のおすすめ◎
ロック、水割り

タイプ◎

香りの強さ	◆◆◆◆
クセの強さ	◆◆◆
スッキリ感	◆◆◆
原材料感	◆◆◆
レ　ア　度	◆◆◆

達人コメント◎
清酒造りに使われる黄麹で仕込み、減圧蒸留。焼酎臭さを極力抑え、芋焼酎とは思えない上品で華やかな香りが特徴。ロックにすると甘みが強まり、さらにソフトな味わいに変化する。

三岳《みたけ》 豊

産　地◎鹿児島県
酒蔵所◎三岳酒造

SPEC◎
酒蔵住所／鹿児島県熊毛郡屋久島町
　　　　安房2625-19
内 容 量／1800ml、900ml
価　　格／2474円（1800ml）、1244円（900ml）
原材料名／さつまいも、米こうじ
アルコール度数／25度

飲み方のおすすめ◎
ロック、お湯割り

タイプ◎

香りの強さ	◆◆◆
クセの強さ	◆◆◆
スッキリ感	◆◆
原材料感	◆◆◆◆
レ　ア　度	◆◆◆◆

達人コメント◎
世界自然遺産、屋久島の豊かな水で仕込まれた人気の芋焼酎。重厚な芋の香りと深い味わい、すっきりと引いていくあとロの甘み。非常に高いバランスでまとまった逸品。

尽空《じんくう》 豊

産　地◎福岡県
酒蔵所◎喜多屋

SPEC◎
酒蔵住所／福岡県八女市
　　　　本町374
内 容 量／720ml
価　　格／1360円
原材料名／さつまいも、米こうじ
アルコール度数／25度

飲み方のおすすめ◎
ロック、お湯割り

タイプ◎

香りの強さ	◆◆◆
クセの強さ	◆◆◆
スッキリ感	◆◆
原材料感	◆◆◆◆
レ　ア　度	◆◆◆◆

達人コメント◎
南薩摩産の黄金千貫のみを使い、黒麹甕仕込みでの丁寧な造りを行っている。芋焼酎ならではの旨みと甘みを感じると同時に、洗練されたフルーティな芋の香りも楽しめる。

八丈《はちじょう》 島流《しまなが》し 個

産　地◎東京都
酒蔵所◎八丈島酒造

SPEC◎
酒蔵住所／東京都八丈島八丈町
大賀郷1576
内 容 量／700ml
価　　格／2440円
原材料名／さつまいも、麦、麦こうじ
アルコール度数／35度

飲み方のおすすめ◎
ロック、お湯割り

タイプ◎

香りの強さ	◆◆◆◆
クセの強さ	◆◆◆◆
スッキリ感	◆◆
原材料感	◆◆◆◆
レ　ア　度	◆◆◆◆

達人コメント◎
仕込みから蒸留、ラベル貼りに至るまで杜氏ひとりで行う。香ばしい麦の香りとしっかりとした芋の甘み、ミネラル感がバランスよく溶け合い、レトロな見た目に反した非常にハイレベルな仕上がり。

御幣《ごへい》 赤《あか》ラベル 豊

産　地◎宮崎県
酒蔵所◎姫泉酒造

SPEC◎
酒蔵住所／宮崎県西臼杵郡日之影町
大字岩井川3380-1
内 容 量／1800ml、900ml
価　　格／2654円（1800ml）、1338円（900ml）
原材料名／さつまいも、米こうじ
アルコール度数／25度

飲み方のおすすめ◎
ロック、お湯割り

タイプ◎

香りの強さ	◆◆◆◆
クセの強さ	◆◆◆
スッキリ感	◆◆
原材料感	◆◆◆◆
レ　ア　度	◆◆◆◆

達人コメント◎
白麹仕込み常圧蒸留で造った原酒を、機械濾過を行わずに手作業で余計な油分を丁寧に取り除く。芋本来の甘みと旨みが存分に感じられる。お湯割りで芋の厚みのある香りを楽しもう。

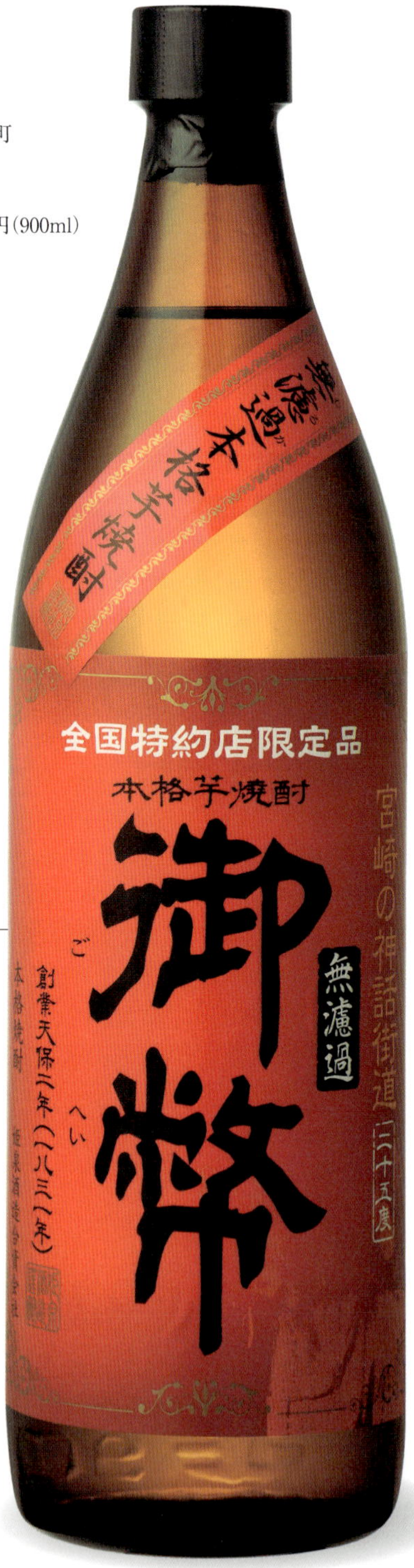

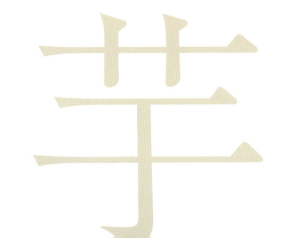

美《うま》し里《さと》 豊

産　地◎鹿児島県
酒蔵所◎小鹿酒造

SPEC◎
酒蔵住所／鹿児島県鹿屋市吾平町上名7312
内 容 量／1800ml、720ml
価　　格／2544円（1800ml）、1404円（720ml）
原材料名／さつまいも、米こうじ
アルコール度数／25度

飲み方のおすすめ◎
ロック、お湯割り

タイプ◎

香りの強さ ◆◆◆
クセの強さ ◆◆◆
スッキリ感 ◆◆◆
原 材 料 感 ◆◆◆
レ　ア　度 ◆◆◆

達人コメント◎
朝収穫したさつま芋を、その日のうちに蒸して仕込むこだわりの1本。白麹と黒麹をブレンドすることで、香ばしさ、コク、キレ、柔らかさが絶妙なバランスに。飲み飽きない逸品。

半《はん》ぴどん 豊

産　地◎宮崎県
酒蔵所◎幸蔵酒造

SPEC◎
酒蔵住所／宮崎県串間市
　　　　　大字串間1393-1
内 容 量／720ml
価　　格／3672円
原材料名／さつまいも、米こうじ
アルコール度数／35度

飲み方のおすすめ◎
ロック、ストレート

タイプ◎

香りの強さ ◆◆◆◆
クセの強さ ◆◆◆◆
スッキリ感 ◆◆
原 材 料 感 ◆◆◆◆
レ　ア　度 ◆◆◆◆

達人コメント◎
土中に埋めた素焼きの甕壷で仕込み、できあがった焼酎をさらに甕壷熟成。芋の香りと、力強いコクがありながらもさっぱりとした後味。伝統製法を守りつつ洗練された味わいに。

南泉《なんせん》 豊

産　地◎鹿児島県
酒蔵所◎上妻酒造

SPEC◎
酒蔵住所／鹿児島県熊毛郡
　　　　　南種子町中之上2480
内 容 量／1800ml、900ml
価　　格／2022円（1800ml）、1117円（900ml
原材料名／さつまいも（シロサツマ）、米こうじ
アルコール度数／25度

飲み方のおすすめ◎
ロック、お湯割り

タイプ◎

香りの強さ ◆◆◆
クセの強さ ◆◆◆
スッキリ感 ◆◆
原 材 料 感 ◆◆◆
レ　ア　度 ◆◆◆

達人コメント◎
地元産のシロサツマを白麹で仕込み、クセの無い香りと、まろやかでしっかりとした甘みのある滋味深い味わいに仕上がっている。お湯割りで旨みと香りが特に引き立つタイプ。

芋

樵《きこり》 豊

産　地◎鹿児島県
酒蔵所◎若潮酒造

SPEC◎
酒蔵住所／鹿児島県志布志市
志布志町安楽215
内 容 量／1800ml、720ml
価　　格／2539円（1800ml）、
1398円（720ml）
原材料名／さつまいも、米こうじ
アルコール度数／25度

飲み方のおすすめ◎
ロック、ストレート

タイプ◎
香りの強さ ◆◆◆
クセの強さ ◆◆◆
スッキリ感 ◆◆
原材料感 ◆◆◆
レ　ア　度 ◆◆◆

達人コメント◎
世界に認められた温泉水『樵のわけ前』で割り水した、まろやかな味わい。芋のやさしい甘さ、濃厚なコクが感じられ、しっかりとした余韻と香りが残る、バランスのいい1本。

風憚《ふうたん》 豊

産　地◎鹿児島県
酒蔵所◎吹上焼酎

SPEC◎
酒蔵住所／鹿児島県南さつま市
加世田宮原1806
内 容 量／1800ml、720ml
価　　格／3996円（1800ml）、1944円（720ml）
原材料名／さつまいも、米こうじ
アルコール度数／25度

飲み方のおすすめ◎
ロック、ストレート

タイプ◎
香りの強さ ◆◆◆
クセの強さ ◆◆◆
スッキリ感 ◆◆◆
原材料感 ◆◆◆◆
レ　ア　度 ◆◆◆◆

達人コメント◎
たった7軒の契約農家でのみ栽培される幻の芋『栗黄金』仕込み。黒麹のコクと、やわらかな口当たり。飲んだ後に、ほっこりとした芋の香りが鼻に抜け、栗黄金特有の甘い余韻が残る。

須木《すき》 山猪《やまじし》 豊

産　地◎宮崎県
酒蔵所◎すき酒造

SPEC◎
酒蔵住所／宮崎県小林市須木下田唐池393-3
内 容 量／1800ml
価　　格／2160円
原材料名／さつまいも、米こうじ
アルコール度数／25度

飲み方のおすすめ◎
ロック、お湯割り

タイプ◎

香りの強さ ◆◆◆◆
クセの強さ ◆◆◆◆
スッキリ感 ◆
原材料感 ◆◆◆◆
レ　ア　度 ◆◆◆◆

達人コメント◎
昔ながらの飲みごたえのある芋焼酎を目指し、無濾過のまま瓶詰めした濁り焼酎。昨今の飲みやすい焼酎とは一線を画する骨太な味わいながら、丁寧な造りを感じさせる上品な後味。

赤霧島《あかきりしま》 香

産　地◎宮崎県
酒蔵所◎霧島酒造

SPEC◎
酒蔵住所／宮崎県都城市
　　　　　下川東4-28-1
内 容 量／1800ml、900ml
価　　格／2409円（1800ml）、1269円（900ml）
原材料名／さつまいも（ムラサキマサリ）、米こうじ
アルコール度数／25度

飲み方のおすすめ◎
ロック、水割り

タイプ◎

香りの強さ ◆◆◆◆
クセの強さ ◆◆
スッキリ感 ◆◆◆
原材料感 ◆◆◆◆
レ　ア　度 ◆◆◆◆

達人コメント◎
特徴的な味わいと希少性から人気のムラサキマサリを原料としている。紫芋ブームのはしりともいえる。果物のような香りと軽快な飲み口、とろみのある甘さがあとを引く。

小牧《こまき》 豊

産　地◎鹿児島県
酒蔵所◎小牧醸造

SPEC◎
酒蔵住所／鹿児島県薩摩郡
　　　　　さつま町時吉12
内 容 量／1800ml、900ml
価　　格／2484円（1800ml）、1404円（900ml）
原材料名／さつまいも、米こうじ
アルコール度数／25度

飲み方のおすすめ◎
水割り、お湯割り

タイプ◎

香りの強さ ◆◆◆
クセの強さ ◆◆◆
スッキリ感 ◆◆
原材料感 ◆◆◆◆
レ　ア　度 ◆◆◆

達人コメント◎
一次、二次仕込みともに、地熱を利用した独特の甕仕込みで造られる。黒麹による芳醇な香りがありながら、しっかりとしたキレとさわやかなあと口。旨みと辛みのバランスが取れている。

一番雫《いちばんしずく》　香

産　地◎鹿児島県
酒蔵所◎大海酒造

SPEC◎
酒蔵住所／鹿児島県鹿屋市
　　　　　白崎町21-1
内 容 量／1800ml、900ml
価　　格／1924円（1800ml）、
　　　　　1080円（900ml）
原材料名／さつまいも、米こうじ
アルコール度数／25度

飲み方のおすすめ◎
ロック、水割り

タイプ◎

香りの強さ	◆◆◆◆
クセの強さ	◆
スッキリ感	◆◆◆◆
原材料感	◆◆
レア度	◆◆◆

達人コメント◎
地元契約農家が栽培した紅芋『ベニオトメ』を使い、黄麹仕込みの減圧蒸留で仕上げた。華やかでフルーティな香りと軽快な飲み口は、芋焼酎初心者にも自信を持っておすすめできる。

玉露《ぎょくろ》 本甕仕込《ほんがめしこみ》　豊

産　地◎鹿児島県
酒蔵所◎中村酒造場

SPEC◎
酒蔵住所／鹿児島県霧島市
　　　　　国分湊915
内 容 量／1800ml、720ml
価　　格／2484円（1800ml）、1419円（720ml）
原材料名／さつまいも、米こうじ
アルコール度数／25度

飲み方のおすすめ◎
ロック、お湯割り

タイプ◎

香りの強さ	◆◆◆
クセの強さ	◆◆◆
スッキリ感	◆◆
原材料感	◆◆◆◆
レア度	◆◆◆◆

達人コメント◎
明治時代からかたくなに守る『純手造り』の手法で造られた。新鮮な芋を大甕でじっくりと仕込み、コクがありながらもカドが取れた、甘くまろやかな味わい。大きめの氷でどうぞ。

芋

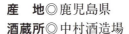

喜左衛門《きざえもん》 豊

産　地◎鹿児島県
酒蔵所◎白金酒造

SPEC◎
酒蔵住所／鹿児島県姶良市脇元1933
内 容 量／1800ml、720ml
価　　格／2571円(1800ml)、1425円(720ml)
原材料名／さつまいも、米こうじ
アルコール度数／25度

飲み方のおすすめ◎
ロック、お湯割り

タイプ◎

香りの強さ	◆◆◆◆
クセの強さ	◆◆◆
スッキリ感	◆◆
原材料感	◆◆◆◆
レア度	◆◆◆◆

達人コメント◎
手間とコストから現代ではほとんど使用されなくなった『木桶蒸留器』を用い、丁寧に造られた。木桶蒸留ならではの柔らかな口当たりと、あと口にほんのり香る上品な木の香りが特徴。

紫金《しこん》の玉《たま》 個

産　地◎鹿児島県
酒蔵所◎種子島酒造

SPEC◎
酒蔵住所／鹿児島県西之表市
　　　　　西之表13589-3
内 容 量／300ml
価　　格／2105円
原材料名／さつまいも(種子島ムラサキイモ)、米こうじ
アルコール度数／44.1度以上44.9度以下

飲み方のおすすめ◎
パーシャルショット

タイプ◎

香りの強さ	◆◆◆◆◆
クセの強さ	◆◆◆◆
スッキリ感	◆◆◆◆
原材料感	◆◆◆
レア度	◆◆◆◆

達人コメント◎
種子島紫芋を使い蒸留した最初の部分だけを集めた。初留特有の熟したリンゴやバナナのような鮮烈な香り。飲んだ後に焼酎の旨みと紫芋ならではのフルーツのような甘みが感じられる。

柳井谷《やないだん》の福蔵《ふくぞう》 豊

産　地◎宮崎県
酒蔵所◎寿海酒造

SPEC◎
酒蔵住所／宮崎県串間市大字北方1295
内 容 量／1800ml、720ml
価　　格／2484円(1800ml)、1565円(720ml)
原材料名／芋(ベニサツマ)、米こうじ
アルコール度数／25度

飲み方のおすすめ◎
ロック、ストレート

タイプ◎

香りの強さ	◆◆◆◆
クセの強さ	◆◆◆
スッキリ感	◆◆
原材料感	◆◆◆◆
レア度	◆◆◆

達人コメント◎
生産農家の顔まで明示した珍しい焼酎。鹿児島県志布志市、柳井谷集落で採れたベニサツマのみを使い、黒麹で仕込んだ味わいは、赤芋特有の上品な甘い香りと黒麹の旨みがしっかり生きている。

心水《もとみ》 豊

産　地◎宮崎県
酒蔵所◎松露酒造

SPEC◎
酒蔵住所／宮崎県串間市寺里1-17-5
内 容 量／1800ml、720ml
価　　格／2700円（1800ml）、1296円（720ml）
原材料名／さつまいも、米こうじ
アルコール度数／25度

飲み方のおすすめ◎
ロック、ストレート

タイプ◎

香りの強さ	◆◆◆◆
クセの強さ	◆◆◆
スッキリ感	◆◆
原材料感	◆◆◆◆
レア度	◆◆◆◆

達人コメント◎
旨みの詰まった初留と中留だけを使い、無濾過のまま貯蔵し割り水した、薄にごり焼酎。甘くふくよかな芋の香りと厚みのある旨みを感じさせながら、アルコールの角を感じさせない逸品。

竈猫《へっついねこ》 豊

産　地◎宮崎県
酒蔵所◎落合酒造場

SPEC◎
酒蔵住所／宮崎県大字鏡洲字前田1626
内 容 量／1800ml、720ml
価　　格／2880円（1800ml）、1944円（720ml）
原材料名／さつまいも（宮崎県産・紫優、黄金千貫）、米こうじ
アルコール度数／25度

飲み方のおすすめ◎
ロック、ストレート

タイプ◎

香りの強さ	◆◆◆◆
クセの強さ	◆◆◆
スッキリ感	◆◆◆
原材料感	◆◆◆
レア度	◆◆◆◆

達人コメント◎
希少な宮崎県産の『紫優』と黄金千貫を使用。三石和甕で仕込んだ無濾過焼酎。甘栗を思わせるような甘い香りの奥に、紫芋の果実のような香り。喉ごしも柔らかく、後味には芋の旨みが残る。

麦

mugi

製造される本格焼酎の約50%を占める

クセのない軽やかな味わいで幅広い層に人気の麦焼酎。もちろん伝統製法にこだわった、麦ならではの香ばしさ、穀物特有の甘いフレーバーが楽しめるものもある。今夜はいつもと違う銘柄を試してみては?

裏杜康《うらとこう》 豊

産　地◎大分県
酒蔵所◎ぶんご銘醸

SPEC◎

酒蔵住所／大分県佐伯市直川大字横川字亀の甲789-4
内 容 量／1800ml、720ml
価　　格／2592円（1800ml）、1419円（720ml）
原材料名／麦、麦こうじ
アルコール度数／25度

飲み方のおすすめ◎

ロック、お湯割り

タイプ◎

香りの強さ ◆◆◆◆◆
クセの強さ ◆◆◆
スッキリ感 ◆◆◆
原 材 料 感 ◆◆◆
レ　ア　度 ◆◆◆◆

達人コメント◎

常圧蒸留の麦焼酎原酒を荒濾過で仕上げ、5年以上貯蔵熟成。麦特有の香ばしさと旨みが絶妙なバランスで溶けあい、深いコクと甘い余韻、柔らかな口当たりを感じる濃厚系麦焼酎の傑作。

杜康《とこう》 軽

産　地◎大分県
酒蔵所◎ぶんご銘醸

SPEC◎

酒蔵住所／大分県佐伯市直川大字横川字亀の甲789-4
内 容 量／1800ml、720ml
価　　格／2055円（1800ml）、1135円（720ml）
原材料名／大麦、麦こうじ
アルコール度数／25度

飲み方のおすすめ◎

ロック、水割り

タイプ◎

香りの強さ ◆◆
クセの強さ ◆
スッキリ感 ◆◆◆◆◆
原 材 料 感 ◆◆
レ　ア　度 ◆◆◆◆

達人コメント◎

九州屈指の清流として知られる番匠川の水と、地元産の麦のみで造られる。吟醸酒のような香りと、すっきりさわやかな飲み口。どんな食事に合わせても邪魔をしないオールマイティな1本。

由布之郷《ゆふのごう》 豊

産　地◎大分県
酒蔵所◎小野酒造

SPEC◎
酒蔵住所／大分県由布市庄内町大竜ウソノ尾2700
内 容 量／1800ml、720ml
価　　格／2550円（1800ml）、1350円（720ml）
原材料名／裸麦（由布市産）、裸麦こうじ
アルコール度数／25度

飲み方のおすすめ◎
ロック、お湯割り

タイプ◎
香りの強さ ◆◆◆◆◆
クセの強さ ◆◆◆◆
スッキリ感 ◆◆
原 材 料 感 ◆◆◆◆
レ　ア　度 ◆◆◆◆◆

達人コメント◎
地元産の裸麦を全量使用し、黒麹仕込み常圧蒸留。旧型の蒸留器を使うことで濃厚で柔らかな味に。裸麦の特徴である香ばしい香りと濃厚な甘みが存分に味わえる、芳醇ボリューミーな1本。

黒虎《くろとら》 軽

産　地◎福岡県
酒蔵所◎喜多屋

SPEC◎
酒蔵住所／福岡県八女市本町374
内 容 量／1800ml、720ml
価　　格／2321円（1800ml）、1211円（720ml）
原材料名／麦、麦こうじ
アルコール度数／25度

飲み方のおすすめ◎
ロック、水割り

タイプ◎
香りの強さ ◆◆◆
クセの強さ ◆◆
スッキリ感 ◆◆◆◆
原 材 料 感 ◆◆
レ　ア　度 ◆◆◆◆

達人コメント◎
麦の旨みと深みを抽出した原酒に、吟醸香の風味がある原酒を匠の技でブレンド。まろやかでフワッと広がる黒麹の麦ならではの旨みと、スッキリとしたほのかな甘みが心地いい。

麦一味《むぎひとあじ》 軽

産　地◎大分県
酒蔵所◎西の誉銘醸

SPEC◎
酒蔵住所／大分県中津市大字福島2065-2
内 容 量／1800ml、720ml
価　　格／2221円（1800ml）、1337円（720ml）
原材料名／麦、麦こうじ
アルコール度数／25度

飲み方のおすすめ◎
ロック、水割り

タイプ◎
香りの強さ ◆◆
クセの強さ ◆
スッキリ感 ◆◆◆◆◆
原 材 料 感 ◆◆
レ　ア　度 ◆◆◆◆

達人コメント◎
日本酒でいう大吟醸同様、50%まで精白した二条大麦で仕込んだ。さらに減圧蒸留、氷点濾過を行うことで徹底的に雑味を取り除いている。芳醇な吟醸香と、透き通った甘みが堪能できる。

壱岐《いき》スーパーゴールド

産　地◎長崎県

酒蔵所◎玄海酒造

個

SPEC◎

酒蔵住所／長崎県壱岐市郷ノ浦町志原西触550-1

内 容 量／720ml

価　　格／1269円

原材料名／大麦、米こうじ

アルコール度数／22度

飲み方のおすすめ◎

ロック、水割り

タイプ◎

香りの強さ ◆◆◆

クセの強さ ◆◆

スッキリ感 ◆◆◆

原 材 料 感 ◆◆◆

レ　ア　度 ◆◆◆

達人コメント◎

壱岐の伏流水で仕込まれた原酒を、シェリーに使われたホワイトオークの樽で貯蔵熟成させた。樽熟成からくるほんのり甘い香りと、22度というアルコール度数の飲みやすさが堪能できる。

月《つき》の女神《めがみ》

個

産　地◎宮崎県

酒蔵所◎明石酒造

SPEC◎

酒蔵住所／宮崎県えびの市
　　　　　大字栗下61-1

内 容 量／720ml

価　　格／2592円

原材料名／麦、麦こうじ、米こうじ

アルコール度数／38度

飲み方のおすすめ◎

ロック、水割り

タイプ◎

香りの強さ ◆◆◆◆

クセの強さ ◆◆◆

スッキリ感 ◆◆

原 材 料 感 ◆◆◆◆

レ　ア　度 ◆◆◆◆

達人コメント◎

厳選した麦と"えびの高原"の伏流水を使用し、丁寧に醸し、蒸留したものを樫樽貯蔵。さらに樫樽から移し、10年間熟成。高い度数を感じさせないまろやかさで、甘み、深み、のどごしもいい。

古酒《こしゅ》 ゑびす蔵《ぐら》

個

産　地◎福岡県

酒蔵所◎ゑびす酒造

SPEC◎

酒蔵住所／福岡県朝倉市
　　　　　杷木林田680-3

内 容 量／1800ml、720ml

価　　格／2592円（1800ml）、1512円（720ml）

原材料名／大麦、米こうじ

アルコール度数／25度

飲み方のおすすめ◎

ロック、水割り

タイプ◎

香りの強さ ◆◆◆

クセの強さ ◆◆

スッキリ感 ◆◆◆

原 材 料 感 ◆◆◆

レ　ア　度 ◆◆◆◆

達人コメント◎

地元産の大麦で仕込んだ常圧蒸留の原酒に最低限の濾過をしたのち、タンクで5年間貯蔵熟成。熟成により柔らかでふくよかな味わいに仕上がり、麦本来のほんのりと甘い香りが楽しめる。

久保《くぼ》 黒麹三段仕込《くろこうじさんだんじこみ》

豊

産　地◎大分県
酒蔵所◎久保酒蔵

SPEC◎
酒蔵住所／大分県宇佐市大字長洲3581-1
内 容 量／1800ml、720ml
価　　格／2365円（1800ml）、1182円（720ml）
原材料名／麦、麦こうじ
アルコール度数／25度

飲み方のおすすめ◎
ロック、水割り

タイプ◎
香りの強さ ◆◆◆
クセの強さ ◆◆◆
スッキリ感 ◆◆◆
原材料感 ◆◆◆◆
レ ア 度 ◆◆◆◆

達人コメント◎
愛媛県産の裸麦『マンネンボシ』を使用。昔ながらの手作り製法にこだわって造られた限定品。黒麹三段仕込みから来る心地よい香りと麦の旨み、柔らかな風味も楽しめる。

梟《ふくろう》

個

産　地◎福岡県
酒蔵所◎研醸

SPEC◎
酒蔵住所／福岡県三井郡
大刀洗町大字栄田1089
内 容 量／720ml
価　　格／2624円
原材料名／麦、米こうじ
アルコール度数／25度

飲み方のおすすめ◎
ロック、ストレート

タイプ◎
香りの強さ ◆◆◆◆
クセの強さ ◆◆
スッキリ感 ◆◆◆
原材料感 ◆◆◆
レ ア 度 ◆◆◆

達人コメント◎
焙煎した麦で仕込んだ焼酎を3～5年間樫樽でじっくり貯蔵。樽の甘い香りと焙煎麦のスモーキーな香りが調和し、ほのかな甘みのある焼酎に仕上がった。ロック以外にソーダ割りもおすすめ。

為《ためしてん》・原酒《げんしゅ》

個

産　地◎大分県
酒蔵所◎常徳屋酒造場

SPEC◎
酒蔵住所／大分県宇佐市
大字四日市1205-2
内 容 量／720ml
価　　格／2030円
原材料名／裸麦、裸麦こうじ
アルコール度数／38度

飲み方のおすすめ◎
ロック、ストレート

タイプ◎
香りの強さ ◆◆◆◆
クセの強さ ◆◆◆◆
スッキリ感 ◆◆
原材料感 ◆◆◆
レ ア 度 ◆◆◆◆

達人コメント◎
宇佐産の裸麦『一番星』を全量使用し、常圧蒸留。ほのかな香ばしさと優しくも力強い甘み、豊潤で濃厚な味わい。舌にしっかりと感じられる穀物の甘さは、芋焼酎ファンからの評価も高い。

青酎《あおちゅう》 麦《むぎ》 豊

産　地◎東京都
酒蔵所◎青ヶ島酒造

SPEC◎
酒蔵住所／東京都青ヶ島村無番地
内 容 量／1800ml、700ml
価　　格／2592円（1800ml）、
　　　　　1512円（700ml）
原材料名／麦、麦こうじ
アルコール度数／25度

飲み方のおすすめ◎
ロック、水割り

タイプ◎

香りの強さ ◆◆◆◆
クセの強さ ◆◆◆
スッキリ感 ◆◆
原材料感 ◆◆◆◆◆
レア度 ◆◆◆◆

達人コメント◎
東京都の人口200人の島で造られる。青ヶ島産の麦で造った原酒を3年以上貯蔵熟成。麦の芳ばしい香りと柔らかな飲み口、豊富なミネラルを感じる。純手造りながら洗練された味わいの逸品。

古久《こきゅう》 与作《よさく》 個

産　地◎福岡県
酒蔵所◎喜多屋

SPEC◎
酒蔵住所／福岡県八女市
　　　　　本町374
内 容 量／720ml
価　　格／3240円
原材料名／麦、麦こうじ
アルコール度数／44度

飲み方のおすすめ◎
ロック、ストレート

タイプ◎

香りの強さ ◆◆◆◆◆
クセの強さ ◆◆◆◆◆
スッキリ感 ◆
原材料感 ◆◆◆◆
レア度 ◆◆◆◆◆

達人コメント◎
廃線になった鉄道トンネル跡で、約10年間甕貯蔵。ビターチョコのようなガツンとくる香ばしさと深いコク、44度を感じさせない柔らかな口当たり。香ばしいタイプの極みともいえる絶品。

かぴたん 拾年貯蔵酎《じゅうねんちょぞうちゅう》

個

産　地◎長崎県
酒蔵所◎福田酒造

SPEC◎
酒蔵住所／長崎県平戸市志々伎町1475
内 容 量／720ml
価　　格／3084円
原材料名／麦、麦こうじ
アルコール度数／35度

飲み方のおすすめ◎
ロック、ストレート

タイプ◎
香りの強さ ◆◆◆◆◆
クセの強さ ◆◆◆
スッキリ感 ◆◆
原 材 料 感 ◆◆◆◆
レ　ア　度 ◆◆◆◆

達人コメント◎
国産大麦全量使用の原酒を、樫樽で 10 年間貯蔵熟成し氷点濾過。長期貯蔵ならではの円熟味とコクにあふれ、ブランデーのような甘いバニラ香を堪能できる。チョコレートと合わせるのもいい。

玉姫《たまひめ》

軽

産　地◎長崎県
酒蔵所◎壱岐の蔵酒造

SPEC◎
酒蔵住所／長崎県壱岐市芦辺町
　　　　　湯岳本村触520
内 容 量／1800ml、720ml
価　　格／2753円（1800ml）、1247円（720ml）
原材料名／大麦、米こうじ
アルコール度数／25度

飲み方のおすすめ◎
ロック、水割り

タイプ◎
香りの強さ ◆◆◆
クセの強さ ◆◆
スッキリ感 ◆◆◆◆
原 材 料 感 ◆◆◆
レ　ア　度 ◆◆

達人コメント◎
日々草の花から取った酵母を使用した花酵母焼酎。デリケートな花酵母のもろみを低温でゆっくりと発酵させることにより、花の香りを思わせるまろやかでふくらみのある味わいに仕上がっている。

常蔵《つねぞう》 黒麹《くろこうじ》

豊

産　地◎大分県
酒蔵所◎久家本店

SPEC◎
酒蔵住所／大分県臼杵市
　　　　　江無田382
内 容 量／720ml
価　　格／2160円
原材料名／麦、麦こうじ
アルコール度数／30度

飲み方のおすすめ◎
ロック、ストレート

タイプ◎
香りの強さ ◆◆◆◆
クセの強さ ◆◆◆◆
スッキリ感 ◆◆
原 材 料 感 ◆◆◆◆
レ　ア　度 ◆◆◆◆

達人コメント◎
裸麦を昔ながらの黒麹で仕込み、常圧蒸留でしっかり味と香りを引き出した。裸麦と黒麹の香ばしさが相まって、独特のコクと香りに。少し高めの 30 度の味わいは、是非ロックで楽しみたい。

米

kome

「米焼酎は香りがない」は大きな間違い

淡麗でスッキリした風味という印象の米焼酎だが、もともとは焼酎独特の強い香りとサラリとした甘さや深いコクを持った球磨焼酎が源。米の種類や水によって変わる味わいを感じてみよう。

大石《おおいし》 個

産　地◎熊本県
酒蔵所◎大石酒造場

SPEC◎
酒蔵住所／熊本県球磨郡
　　　　　水上村大字岩野1053
内 容 量／1800ml、720ml
価　　格／3672円（1800ml）、
　　　　　2160円（720ml）
原材料名／米、米こうじ
アルコール度数／25度

飲み方のおすすめ◎
ロック、ストレート

タイプ◎
香りの強さ ◆◆◆◆
クセの強さ ◆◆◆
スッキリ感 ◆◆◆
原材料感 ◆◆◆
レア度 ◆◆◆◆

達人コメント◎
純米焼酎をシェリー樽とレミーマルタン社のブランデー樽で熟成。樽から出る甘い香りとまろやかな味わいが米の甘さと完璧に融合し、ハイレベルな蒸留酒となった。

房《ふさ》の露《つゆ》 吟醸《ぎんじょう》 香

産　地◎熊本県
酒蔵所◎房の露

SPEC◎
酒蔵住所／熊本県球磨郡
　　　　　多良木町多良木568
内 容 量／720ml
価　　格／2214円
原材料名／米、米こうじ
アルコール度数／25度

飲み方のおすすめ◎
ロック、水割り

タイプ◎
香りの強さ ◆◆◆◆
クセの強さ ◆◆
スッキリ感 ◆◆◆◆
原材料感 ◆◆◆◆
レア度 ◆◆◆

達人コメント◎
コシヒカリを60％まで精米し、球磨川の深層水を使って仕込んだ吟醸焼酎。香り高くさわやかな吟醸香が漂い、味わいは上品ですっきり。日本酒好きにもおすすめできる、ニュータイプ。

米

釂《しょう》エクセレンス 個

産　地◎熊本県
酒蔵所◎房の露

SPEC◎
酒蔵住所／熊本県球磨郡多良木町多良木568
内 容 量／1800ml、720ml
価　　格／7614円（1800ml）、3780円（720ml）
原材料名／米、米こうじ、麦
アルコール度数／35度

飲み方のおすすめ◎
ロック、ストレート

タイプ◎

香りの強さ ◆◆◆◆
クセの強さ ◆◆◆
スッキリ感 ◆◆◆
原材料感 ◆◆◆◆
レ ア 度 ◆◆◆

達人コメント◎
30年古酒を頂点に秀逸な樽貯蔵原酒だけを厳選ブレンド。アンズやシェリーの香りとともに甘みと辛みが複雑に絡み合う、時間の恵みを感じることのできる逸品。まずはストレートで。

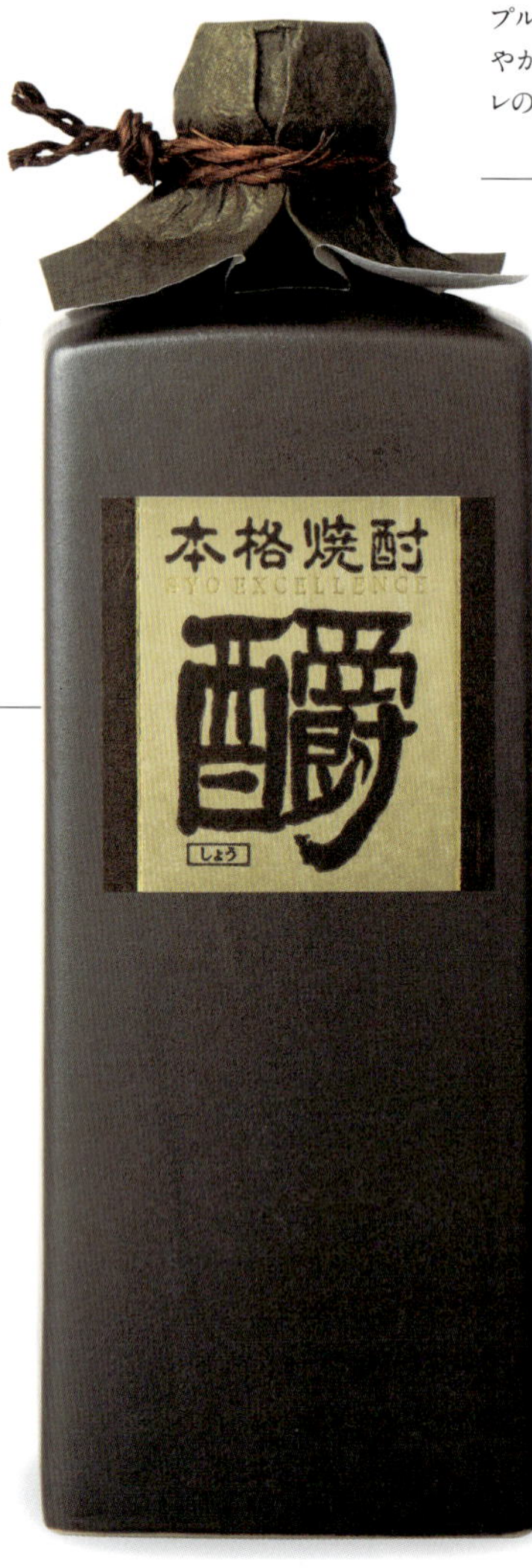

吟香《ぎんこう》 鳥飼《とりかい》 香

産　地◎熊本県
酒蔵所◎鳥飼酒造

SPEC◎
酒蔵住所／熊本県人吉市七日町2
内 容 量／720ml
価　　格／1889円
原材料名／米、米こうじ
アルコール度数／25度

飲み方のおすすめ◎
ロック、水割り

タイプ◎

香りの強さ ◆◆◆◆◆
クセの強さ ◆◆
スッキリ感 ◆◆◆◆
原材料感 ◆◆◆◆
レ ア 度 ◆◆◆◆

達人コメント◎
酒造好適米の最高峰“山田錦”を50%まで精米し、清酒用黄麹と独自の酵母で仕込んだもろみを減圧蒸留。パイナップルや完熟林檎を思わせる華やかな香りと、白桃のようなキレの良い後味が特徴。

川辺《かわべ》　軽

産　地◎熊本県
酒蔵所◎繊月酒造

SPEC◎
酒蔵住所／熊本県人吉市新町1
内 容 量／1800ml、720ml
価　　格／2484円（1800ml）、1349円（720ml）
原材料名／米、米こうじ
アルコール度数／25度

飲み方のおすすめ◎
ロック、ストレート

タイプ◎
香りの強さ ◆◆◆◆
クセの強さ ◆◆
スッキリ感 ◆◆◆◆
原材料感 ◆◆◆◆
レア度 ◆◆◆

達人コメント◎
球磨郡相良村産のヒノヒカリと、水質ランキング1位に選ばれた川辺川の水で仕込んだ。吟醸酒のような甘く華やかな香りで、口に含むと米の甘みと旨みを感じたのち、スッと引いていく。

六調子《ろくちょうし》 圓《えん》　個

産　地◎熊本県
酒蔵所◎六調子酒造

SPEC◎
酒蔵住所／熊本県球磨郡
錦町大字西1013
内 容 量／720ml
価　　格／4011円
原材料名／米、米こうじ
アルコール度数／40度

飲み方のおすすめ◎
ロック、ストレート

タイプ◎
香りの強さ ◆◆◆◆
クセの強さ ◆◆◆
スッキリ感 ◆◆
原材料感 ◆◆◆◆
レア度 ◆◆◆◆

達人コメント◎
厳選した原酒を10年以上貯蔵室で熟成させた長期貯蔵酒。穀物の香りを強く感じ、ガツンとくる旨みとまろやかな舌触り、あとを引く甘みが特徴的。冷やしたストレートをチェイサーとともに楽しみたい。

精選《せいせん》 水鏡無私《すいきょうむし》　軽

産　地◎熊本県
酒蔵所◎松の泉酒造

SPEC◎
酒蔵住所／熊本県球磨郡
あさぎり町上北169-1
内 容 量／1800ml、720ml
価　　格／3227円（1800ml）、
2106円（720ml）
原材料名／米、米こうじ
アルコール度数／25度

飲み方のおすすめ◎
ロック、ストレート

タイプ◎
香りの強さ ◆◆◆
クセの強さ ◆
スッキリ感 ◆◆◆◆
原材料感 ◆◆◆
レア度 ◆◆◆◆◆

達人コメント◎
田の地中に備長炭を埋め込んで育てた自社栽培の有機電子米のみを使用し、電子技法で濾過した水で仕込んだ。バナナのような香りで、驚くほど雑味がなく、米本来の旨みを引き出している。

樽《たる》いきいき 個

産　地◎熊本県
酒蔵所◎豊永酒造

SPEC◎
酒蔵住所／熊本県球磨郡湯前町老神1873
内 容 量／1800ml、720ml
価　　格／2160円（1800ml）、1080円（720ml）
原材料名／米、米こうじ
アルコール度数／25度

飲み方のおすすめ◎
ロック、水割り

タイプ◎
香りの強さ ◆◆◆
クセの強さ ◆◆
スッキリ感 ◆◆◆
原材料感 ◆◆◆
レ ア 度 ◆◆◆

達人コメント◎
オーガニック農法で生まれた米と球磨川の天然水で造った原酒を、シェリー樽で3年間貯蔵熟成。樽貯蔵による甘い香りとまろやかさ、米の旨みとともに水の甘みをも感じられる逸品。

樽御輿《たるみこし》 個

産　地◎熊本県
酒蔵所◎福田酒造

SPEC◎
酒蔵住所／熊本県人吉市
　　　　　西間下町137-2
内 容 量／1800ml、720ml
価　　格／2830円（1800ml）、1544円（720ml）
原材料名／米、米こうじ
アルコール度数／25度

飲み方のおすすめ◎
ロック、水割り

タイプ◎
香りの強さ ◆◆◆◆
クセの強さ ◆◆◆
スッキリ感 ◆◆
原材料感 ◆◆◆
レ ア 度 ◆◆◆

達人コメント◎
アルカリ水で仕込んだ原酒を樫樽で5年以上熟成し、備長炭で濾過。ブランデーを思わせるバニラやチョコレートのような香り。舌触りはとても柔らかく、熟成による香ばしさが心地よい。

メローコヅル・エクセレンス 個

産　地◎鹿児島県
酒蔵所◎小正醸造

SPEC◎
酒蔵住所／鹿児島県日置市日吉町日置3309
内 容 量／700ml
価　　格／2811円
原材料名／米、米こうじ
アルコール度数／41度

飲み方のおすすめ◎
ロック、ストレート

タイプ◎
香りの強さ ◆◆◆◆
クセの強さ ◆◆◆
スッキリ感 ◆◆
原材料感 ◆◆◆
レ ア 度 ◆◆

達人コメント◎
厳選した米で仕込んだ原酒を、樫樽で10年間貯蔵したのち、タンクで2年ほど貯蔵。樽の甘い香りをほのかに感じ、口に含むと古酒を思わせる芳醇な香りが広がり、するりと喉に落ちていく。

黒糖

kokuto

甘い香りとしっかりとしたコクが魅力

鹿児島県奄美諸島だけで造られる黒糖焼酎。ラム酒との大きな違いは米こうじと黒糖の焼酎造りの定番「二段仕込み」。甘い香りを存分に楽しみながら後味はスッキリしているので、初心者にもおすすめ。

天下一《てんかいち》 寿《ことぶき》 豊

産　地◎鹿児島県沖永良部島
酒蔵所◎新納酒造

SPEC◎
酒蔵住所／鹿児島県大島郡
　　　　　知名町知名313-1
内 容 量／900ml
価　　格／3024円
原材料名／黒糖、米こうじ
アルコール度数／35度

飲み方のおすすめ◎
水割り、ストレート

タイプ◎

香りの強さ	◆◆◆◆
クセの強さ	◆◆
スッキリ感	◆◆◆
原材料感	◆◆◆◆
レ　ア　度	◆◆◆◆

達人コメント◎
仕次をしながら12年以上の長期にわたって熟成させた、絶品黒糖古酒。熟成によるまろやかな舌触りで黒糖本来の上品な甘さだけが感じられ、さわやかな余韻と芳香を残して消えていく。

昇龍《しょうりゅう》 5年貯蔵《ねんちょぞう》 豊

産　地◎鹿児島県沖永良部島
酒蔵所◎原田酒造

SPEC◎
酒蔵住所／鹿児島県大島郡
　　　　　知名町知名379-2
内 容 量／1800ml、900ml
価　　格／3013円（1800ml）、1620円（900ml）
原材料名／黒糖、米こうじ
アルコール度数／30度

飲み方のおすすめ◎
ロック、ストレート

タイプ◎

香りの強さ	◆◆◆◆
クセの強さ	◆◆◆
スッキリ感	◆◆
原材料感	◆◆◆◆
レ　ア　度	◆◆◆◆

達人コメント◎
タンク貯蔵に樫樽貯蔵をブレンドした5年熟成焼酎。ほんのりと感じる柑橘系の香りと黒糖の甘い香り。野性味あふれる甘やかな味わいと、貯蔵熟成ならではの柔らかい舌触りが楽しめる。

糖

加那《かな》 個

産　地◎鹿児島県奄美大島
酒蔵所◎西平酒造

SPEC◎
酒蔵住所／鹿児島県奄美市
名瀬小俣町11-21
内 容 量／720ml
価　　格／2646円
原材料名／黒糖、米こうじ
アルコール度数／40度

飲み方のおすすめ◎
ロック、ストレート

タイプ◎

香りの強さ ◆◆◆◆
クセの強さ ◆◆◆
スッキリ感 ◆◆
原 材 料 感 ◆◆◆◆
レ　ア　度 ◆◆◆

達人コメント◎
タンクで1年間、さらに樫樽で1年間熟成させた淡い琥珀色の焼酎。うっとりするような黒糖の甘く豊かな香りと、まろやかで深いコク、ほんのり熟した果実のような香りが残る。

島有泉《しまゆうせん》 軽

産　地◎鹿児島県与論島
酒蔵所◎有村酒造

SPEC◎
酒蔵住所／鹿児島県大島郡
与論町茶花226-1
内 容 量／1800ml、900ml
価　　格／2073円（1800ml）、
1339円（900ml）
原材料名／黒糖、米こうじ（タイ産米）
アルコール度数／20度

飲み方のおすすめ◎
ロック、ストレート

タイプ◎

香りの強さ ◆◆◆
クセの強さ ◆◆
スッキリ感 ◆◆◆◆
原 材 料 感 ◆◆◆
レ　ア　度 ◆◆◆

達人コメント◎
珊瑚礁から湧き出るミネラル豊富な水で仕込み、常圧蒸留。与論島の歓迎の風習『与論献棒』に使われるため、度数は20度と低めだが、しっかりとした黒糖の風味と飲みやすさが特徴。

海咲《みさき》 豊

産　地◎鹿児島県奄美大島
酒蔵所◎西平本家

SPEC◎
酒蔵住所／鹿児島県奄美市名瀬古田町21-25
内 容 量／1800ml、720ml
価　　格／3085円(1800ml)、1625円(720ml)
原材料名／黒糖、米こうじ
アルコール度数／25度

飲み方のおすすめ◎
ロック、水割り

タイプ◎
香りの強さ ◆◆◆
クセの強さ ◆◆
スッキリ感 ◆◆
原 材 料 感 ◆◆◆◆
レ　ア　度 ◆◆◆

達人コメント◎
全て国産の原料にこだわり、地中に半分埋められた伝統の甕で仕込まれたのち、タンクで3年以上貯蔵。うっすら感じる花のような香りとしっかりしたコクが、柔らかく舌の上を滑っていく逸品。

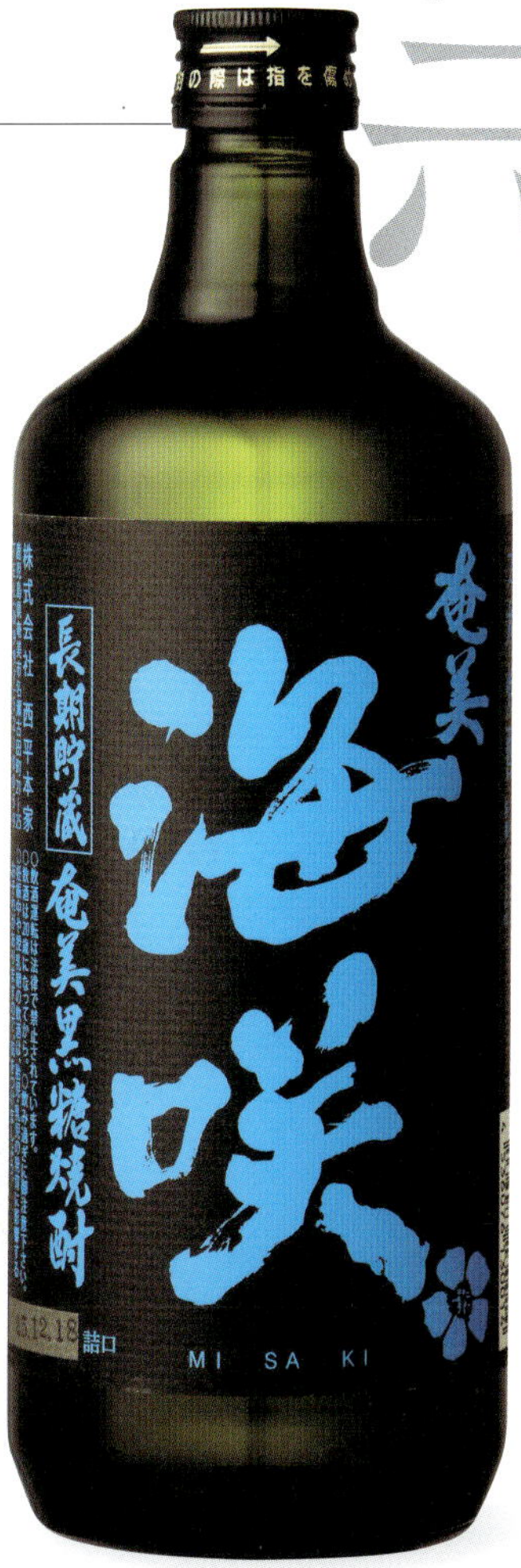

まんこい 個

産　地◎鹿児島県奄美大島
酒蔵所◎弥生焼酎醸造所

SPEC◎
酒蔵住所／鹿児島県奄美市
　　　　　名瀬小浜町15-3
内 容 量／1800ml、900ml
価　　格／2673円(1800ml)、1438円(900ml)
原材料名／黒糖、米こうじ(タイ産米)
アルコール度数／30度

飲み方のおすすめ◎
ロック、水割り

タイプ◎
香りの強さ ◆◆◆◆
クセの強さ ◆◆
スッキリ感 ◆◆
原 材 料 感 ◆◆◆◆
レ　ア　度 ◆◆◆◆

達人コメント◎
一時仕込みに甕を使用し、樫樽で貯蔵した淡い色が特徴。ややスモーキーな樫樽のニュアンスと黒糖の甘い香りのハーモニーが抜群。クラッシュアイスを入れたロックで楽しみたい1本。

紅《べに》さんご 個

産　地◎鹿児島県奄美大島
酒蔵所◎奄美大島開運酒造

SPEC◎
酒蔵住所／鹿児島県大島郡
　　　　　宇検村湯湾2924-2
内 容 量／720ml、180ml
価　　格／2786円(720ml)、
　　　　　993円(180ml)
原材料名／黒糖、米こうじ(タイ産米)
アルコール度数／40度

飲み方のおすすめ◎
ロック、パーシャルショット

タイプ◎
香りの強さ ◆◆◆◆
クセの強さ ◆◆◆
スッキリ感 ◆◆◆
原 材 料 感 ◆◆◆◆
レ　ア　度 ◆◆◆

達人コメント◎
常圧蒸留の原酒をシェリー樽で5年以上長期熟成。樽からの程よい甘さと芳香がコクのある風味とうまく調和し、豊かな香りと柔らかな甘み、黒糖の旨みの絶妙なバランスを創りだしている。

はなとり　軽

産　地◎鹿児島県沖永良部島
酒蔵所◎沖永良部酒造

SPEC◎
酒蔵住所／鹿児島県大島郡和泊町玉城字花トリ1999-1
内 容 量／1800ml、720ml
価　　格／2484円（1800ml）、1382円（720ml）
原材料名／黒糖、米こうじ（タイ産米）
アルコール度数／20度

飲み方のおすすめ◎
ロック、ストレート

タイプ◎
香りの強さ ◆◆
クセの強さ ◆◆
スッキリ感 ◆◆◆◆
原材料感 ◆◆◆
レア度 ◆◆◆

達人コメント◎
黒糖焼酎独自の甘い風味を残しつつ、ほとんどクセの無いさらっとした飲み口で、ほのかに甘みも楽しめる。度数も20度と低めなので、黒糖焼酎入門編としては最適な1本。

キャプテンキッド　個

産　地◎鹿児島県喜界島
酒蔵所◎喜界島酒造

SPEC◎
酒蔵住所／鹿児島県大島郡喜界町赤連2966-12
内 容 量／720ml
価　　格／3045円
原材料名／黒糖、米こうじ
アルコール度数／43度

飲み方のおすすめ◎
ロック、ストレート

タイプ◎
香りの強さ ◆◆◆◆◆
クセの強さ ◆◆◆◆
スッキリ感 ◆◆
原材料感 ◆◆◆◆◆
レア度 ◆◆◆◆◆

達人コメント◎
まったく加水していない黒糖原油を樫樽で7年以上貯蔵。香りはまさに『和製ダークラム』と例えたくなるほど甘やかで重厚。黒糖の風味と旨み、角の取れた滑らかな口当たりを堪能できる。

泡盛ほか

awamori etc.

焼酎とは違う!? 泡盛ほか、変わり種

日本でもっとも古く焼酎が伝わった沖縄県で造られる、タイ米+黒麹菌の泡盛。バニラのような甘い香りの古酒泡盛のほか、胡麻、アロエ、じゃがいも、酒粕、牛乳を原料とした珍しい焼酎も紹介。

やまかわ 古酒《くーす》 個

産　地◎沖縄県
酒蔵所◎山川酒造

SPEC◎
酒蔵住所／沖縄県国頭郡本部町字並里58
内 容 量／720ml
価　　格／3941円
原材料名／タイ米、米こうじ
アルコール度数／40度

飲み方のおすすめ◎
ロック、ストレート

タイプ◎

香りの強さ	◆◆◆◆◆
クセの強さ	◆◆◆
スッキリ感	◆◆
原材料感	◆◆◆◆
レア度	◆◆◆◆

達人コメント◎
蒸留後10年以上の熟成を経たヴィンテージ入り泡盛。バニラ、ナッツ、チョコレートのような香りと柑橘のニュアンス。泡盛古酒の美点をことごとく備える、コストパフォーマンス抜群の逸品。

カリー春雨《はるさめ》 豊

産　地◎沖縄県
酒蔵所◎宮里酒造所

SPEC◎
酒蔵住所／沖縄県那覇市小禄645
内 容 量／1800ml、720ml
価　　格／2304円（1800ml）、1296円（720ml）
原材料名／タイ米、米こうじ
アルコール度数／30度

飲み方のおすすめ◎
ロック、ストレート

タイプ◎

香りの強さ	◆◆◆◆
クセの強さ	◆◆◆
スッキリ感	◆◆◆
原材料感	◆◆◆
レア度	◆◆◆◆◆

達人コメント◎
仕込み、熟成に甕をいっさい使わないというこだわり。特有の芳ばしさと古酒と間違うほどのバニラのような熟成香が特徴。30度の度数をまったく感じさせない、蒸留酒のなかでも稀有な銘酒。

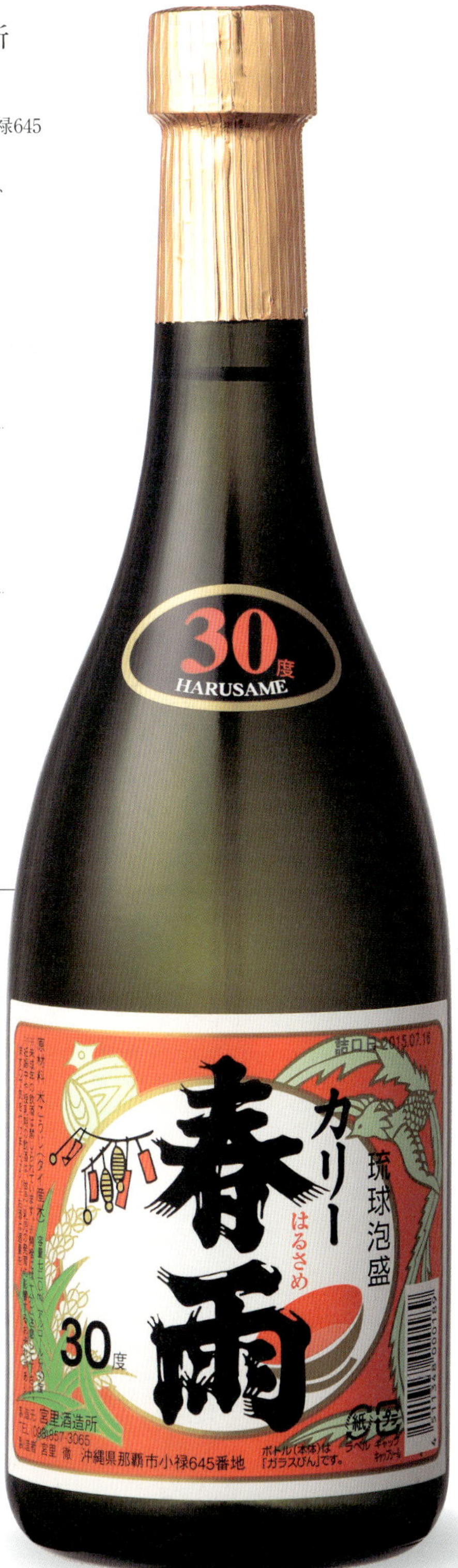

どなん 花酒《はなさき》 個

産　地◎沖縄県与那国島
酒蔵所◎国泉泡盛

SPEC◎

酒蔵住所／沖縄県八重山郡与那国町与那国2087
内 容 量／600ml、360ml
価　　格／3907円（600ml）、3103円（360ml）
原材料名／タイ米、米こうじ
アルコール度数／60度

飲み方のおすすめ◎

ストレート、パーシャルショット

タイプ◎

香りの強さ ◆◆◆◆◆
クセの強さ ◆◆◆◆◆
スッキリ感 ◆◆
原材料感 ◆◆◆◆◆
レ　ア　度 ◆◆◆◆

達人コメント◎

日本一度数の高い酒。ストレートで飲むと焼けつくような喉ごしのなかに強烈な旨みが。冷凍庫で冷やして飲めば、香りだけが口中に花開き、胃の中に炎が灯るような熱を感じることができる。

北谷長老《ちゃたんちょうろう》 秘蔵古酒《ひぞうこしゅ》 個

産　地◎沖縄県
酒蔵所◎北谷長老酒造

SPEC◎

酒蔵住所／沖縄県中頭郡
　　　　　北谷町字吉原63
内 容 量／720ml
価　　格／1万3004円
原材料名／タイ米、米こうじ
アルコール度数／30度

飲み方のおすすめ◎

ロック、ストレート

タイプ◎

香りの強さ ◆◆◆◆◆
クセの強さ ◆◆◆
スッキリ感 ◆◆
原材料感 ◆◆◆◆
レ　ア　度 ◆◆◆◆◆

達人コメント◎

昔ながらの手法で丁寧に醸され、大事に寝かされた古酒特有の上品な香りと、爆発的なチョコレート香、まろやかなコクにほろ苦い甘さのある芳醇な味わいが特徴。泡盛ファンはぜひご賞味を。

忠孝《ちゅうこう》よっかこうじ(四日麹)

産　地◎沖縄県
酒蔵所◎忠孝酒造

個

SPEC◎
酒蔵住所／沖縄県豊見城市字伊良波556-2
内 容 量／1800ml、720ml
価　　格／3780円(1800ml)、1674円(720ml)
原材料名／タイ米、米こうじ
アルコール度数／43度

飲み方のおすすめ◎
ロック、水割り

タイプ◎

香りの強さ	◆◆◆◆
クセの強さ	◆◆◆
スッキリ感	◆◆◆
原材料感	◆◆◆
レ　ア　度	◆◆◆

達人コメント◎
通常の2倍の時間をかけて麹を造ることで、泡盛の香りや旨みの基となる成分を多く含む。洋梨やリンゴのような華やかな香りと、新酒としては飛びぬけた柔らかな口当たりの新感覚泡盛。

紅乙女《べにおとめ》 ゴールド

産　地◎福岡県
酒蔵所◎紅乙女酒造

個

SPEC◎
酒蔵住所／福岡県久留米市
　　　　　田主丸町益生田210-1
内 容 量／720ml
価　　格／3942円
原材料名／麦、米こうじ、胡麻(20%以上)
アルコール度数／38度

飲み方のおすすめ◎
ロック、ストレート

タイプ◎

香りの強さ	◆◆◆◆◆
クセの強さ	◆◆◆
スッキリ感	◆◆◆
原材料感	◆◆◆◆
レ　ア　度	◆◆◆

達人コメント◎
ふんだんに胡麻を使い、内側がガラス張りのタンクで8年以上の貯蔵を経て瓶詰めされる。長期貯蔵酒独特の柔らかい味わい、芳醇な胡麻の香りとスムースな余韻が特徴。世界的評価も高い。

逢地《おおち》

香

産　地◎佐賀県
酒蔵所◎小松酒造

SPEC◎
酒蔵住所／佐賀県唐津市相知町千束1489
内 容 量／1800ml、720ml
価　　格／2573円(1800ml)、
　　　　　1275円(720ml)
原材料名／酒粕
アルコール度数／21度

飲み方のおすすめ◎
ロック、水割り

タイプ◎

香りの強さ	◆◆◆◆
クセの強さ	◆◆
スッキリ感	◆◆◆◆
原材料感	◆◆◆◆
レ　ア　度	◆◆◆◆

達人コメント◎
強く搾っていないペースト状の吟醸酒粕から造られる酒粕焼酎。吟醸酒の成分をふんだんに含むため、本物の吟醸酒を思わせるような豊潤でフルーティな香り。飲み口は軽く、後味もキレがいい。

じゃがたらお春《はる》 軽

産　地◎長崎県
酒蔵所◎福田酒造

SPEC◎
酒蔵住所／長崎県平戸市志々伎町1475
内 容 量／700ml
価　　格／2057円
原材料名／じゃがいも、麦、米こうじ
アルコール度数／25度

飲み方のおすすめ◎
ロック、水割り

タイプ◎

香りの強さ ◆◆
クセの強さ ◆◆
スッキリ感 ◆◆◆◆
原材料感 ◆◆
レ ア 度 ◆◆◆

達人コメント◎
長崎県産の新鮮な馬鈴薯を原料にした、じゃがいも焼酎の先駆け的存在。通常のさつま芋焼酎とは違い、クセがなく、すっきりした味わい。ロック、水割りなど飲み方を選ばない万能選手。

牧場《まきば》の夢《ゆめ》 軽

産　地◎熊本県
酒蔵所◎大和一酒造元

SPEC◎
酒蔵住所／熊本県人吉市
　　　　　下林町2144
内 容 量／1800ml、720ml
価　　格／3379円（1800ml）、1776円（720ml）
原材料名／米、牛乳、米こうじ
アルコール度数／25度

飲み方のおすすめ◎
ロック、水割り

タイプ◎

香りの強さ ◆◆◆
クセの強さ ◆◆◆◆
スッキリ感 ◆◆◆◆
原材料感 ◆◆◆
レ ア 度 ◆◆◆◆

達人コメント◎
米をベースに、独自の弱アルカリ温泉水と新鮮な牛乳を加えて仕込まれた牛乳焼酎。香りはまさにミルクだが、口に含むと米焼酎の味わいと温泉水のミネラル感から来る甘みが感じられる。

朝《あさ》の雫《しずく》 軽

産　地◎福岡県
酒蔵所◎花の露

SPEC◎
酒蔵住所／福岡県久留米市城島町城島223-1
内 容 量／1800ml、720ml
価　　格／2570円（1800ml）、
　　　　　1220円（720ml）
原材料名／アロエ（沖縄産）、米、米こうじ
アルコール度数／23度

飲み方のおすすめ◎
ロック、ストレート

タイプ◎

香りの強さ ◆◆
クセの強さ ◆◆
スッキリ感 ◆◆◆◆
原材料感 ◆◆
レ ア 度 ◆◆◆◆

達人コメント◎
酒造好適米の山田錦をベースに、沖縄産の生アロエを加えて発酵、蒸留した。米がベースのため、米焼酎の甘みをしっかり感じ、その奥にアロエ独特のほろ苦さがアクセントとして光る。

焼酎を買うならココ!

厳選された87本の焼酎がすべて揃うお店が、東京都港区東新橋のカレッタ汐留にある「Sho-Chu AUTHORITY 焼酎オーソリティ」。ここならきっと好みの焼酎が見つかるはず。

Sho-Chu AUTHORITY
焼酎オーソリティ

Sho-Chu AUTHORITY
焼酎オーソリティ

住所:東京都港区東新橋1-8-2　カレッタ汐留B213
電話番号:03-5537-2105
営業時間:11:00〜22:00(日曜祝日は21:00まで)
アクセス:JR新橋駅より徒歩約4分
都営浅草線新橋駅より徒歩約3分
都営大江戸線汐留駅より徒歩約2分
東京メトロ銀座線新橋駅より徒歩約5分
新交通ゆりかもめ汐留駅より徒歩約3分

種類豊富な焼酎専門店で好みの1本を見つけよう

2002年、日本初の本格焼酎・泡盛の専門店としてオープンしたのが、今回紹介した87本の焼酎がすべて揃っている「Sho-Chu AUTHORITY 焼酎オーソリティ」の1号店だ。

カレッタ汐留のB2Fという酒好きの聖地である新橋からも近い立地で、「焼酎を世界の標準語に」という思いから店名にも「Sho-Chu」という欧文表記を入れている。

店内には全国各地の蔵元から取り寄せた本格焼酎や泡盛が常時3200種以上揃っていて、きっちりと並べられたディスプレイはつい目移りしてしまうほど。焼酎は箱やラベルに説明書きがあるものも多いので、手にとって選ぶのも楽しい。お客さんのなかにはラベルに書いてあることをメモしている人もいるし、遠方から月に1度来られるという人もいる。これは品揃えの多さゆえ、

といえるだろう。もし決められないようだったら店員さんにアドバイスをもらうのもいいだろう。店員さんはお酒に関して勉強している詳しい人ばかり。焼酎とは関係ないがワインソムリエの資格を持っている人もいる。

今回87本を厳選してくれた店長の中村尚吾さんも店にいることが多いので、聞いてみたら優しく教えてくれるはずだ。中村さんはこれまでに焼酎の蔵元を100カ所以上訪問している。

「仕入れの交渉という仕事もありますけど、製造をお手伝いすることもあります。先日も6時間芋を切り続けてきました。そうやって実際に製造に触れることで深まる知識というものもあると思います。それをまたお客様に伝えていけたらいいですね」

店頭には試飲コーナーもあり、100種類以上用意されている。試飲をして自分好みの1本を見つけることもできる。ただし、ここで酔っぱらうのは、はしたないので注意。

とにかく焼酎の種類は多いので、一度お店を訪れてみてほしい。

「Sho-Chu AUTHORITY 焼酎オーソリティ」という店名ではあるが、日本酒やワインも数多く揃っている。

店舗は汐留のほかに、川崎と新宿の全3店舗あり、全国各地へのネット通信販売も行っている。

店長
中村尚吾さん

2003年「株式会社オーソリティ」入社。2005年より「Sho-Chu AUTHORITY」の店長を務める。その後、2000種以上のテイスティング経験を活かし本社商品開発室マネージャーとして多くの蔵元を巡る。2013年よりカレッタ汐留店の店長を兼任。

やっぱり美味しい!? 入手困難な稀少銘柄

数ある焼酎のなかでも特にファンが多く、「一度は味わいたい」といわれる銘柄のそれぞれの魅力を「焼酎のプロ」に解説いただいた。

特徴を知り、焼酎それぞれの個性を楽しむ

焼酎のなかでも人気の高い芋焼酎のなかには、「プレミアム焼酎」といわれるものが存在する。需要に比べて生産量が少ないため希少価値が高く、なかには、インターネットで破格の値段で取引されているものも。そんな稀少な芋焼酎ほか、圧倒的なクオリティの高さで全国の焼酎ファンに人気の銘柄の特徴を、焼酎の達人に教えていただいた。

◎森伊蔵

鹿児島県／森伊蔵酒造

豊

Moriizo

最高のバランス感覚を有する屈指の名酒

明治から続く蔵元で、脈々と受け継がれた技と和甕を用いて造られた焼酎は味の質がきめ細かく、とても上品。軽やかなのに余韻が長く、その味わいは一度飲んだら忘れられないほど。ストレートかぬるめのお湯割りでやさしい香りを感じたい。

解説

長田 卓さん
Taku Nagata

NPO法人FBO研究室長・SSI理事兼研究室長。主な著書に『焼酎の基』(NPO法人FBO)、主な監修書に『焼酎手帳』(東京書籍)などがある。「焼酎唎酒師」認定講習会での講師も務める。

◎魔王

鹿児島県／白玉醸造

香

Mao

入手困難なプレミアム焼酎。意外と女性的な味わい

焼酎ファン以外にも「プレミアム焼酎」として知られる銘柄。インパクトの強い名前とは印象が異なり、コンパクトでエレガントな味わい。後味のキレがよく、シャープな飲み口。飲み方は、上品な味わいが際立つロックや水割りがおすすめ。

◎村尾

鹿児島県／村尾酒造

豊

Murao

さわやかな香りと芳醇な味の絶妙なバランスが◎

明治35年創業の蔵元が造る芋焼酎。柑橘系の果実のようなさわやかな香りを持ちながら、味は芳醇でまろやかであり、そのバランスが絶妙。上質な芳香が引き立つぬるめのお湯割りか、すっきりとした後味を楽しめるロックでいただきたい。

◎佐藤　黒

鹿児島県／佐藤酒造

豊

Sato kuro

黒麹の力強さに圧倒。マニアも認める本格派

霧島連山のふもとに位置する佐藤酒造。霧島の名水を用いて丁寧に仕込まれた通称「黒佐藤」は、さつまいも由来の濃醇な香りと、黒麹特有の力強さが特徴。お湯割りにするとまろやかな飲み口を楽しめる。「焼酎通」も認める1本。

◎百年の孤独

宮崎県／黒木本店

個

Hyakunen no kodoku

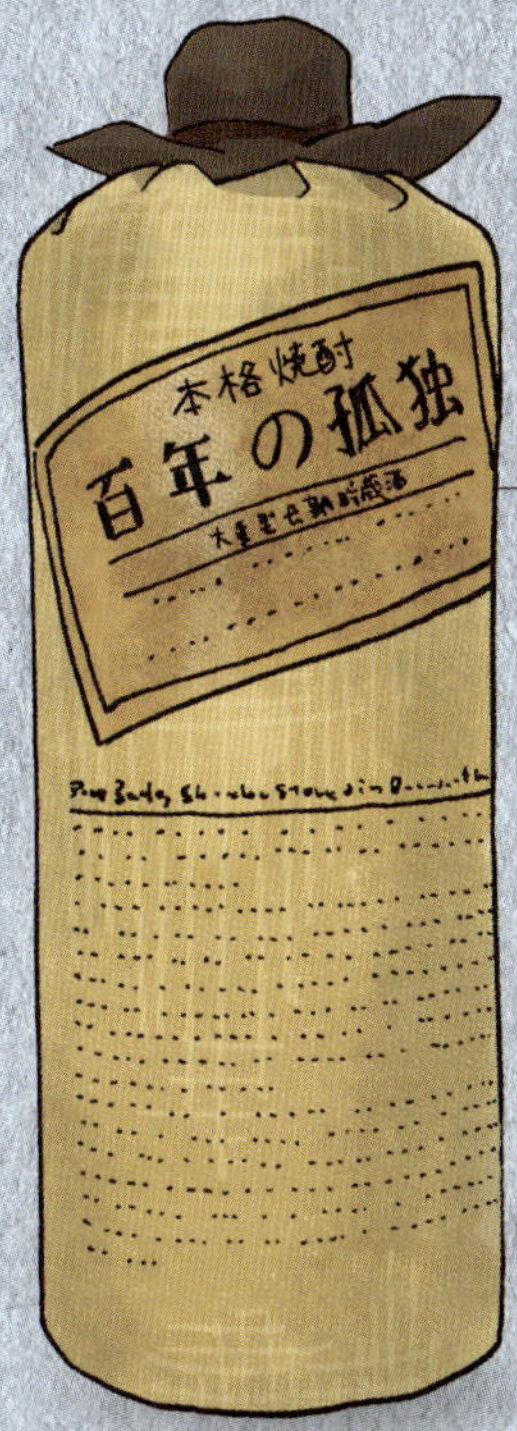

洋酒感覚で楽しめるこだわり麦焼酎

九州産の大麦を使用した原酒をオーク樽で長期間熟成させるため、淡い琥珀色をしている。バニラやクッキーのような甘い香りとまろやかな味わいが魅力。重厚で力強いため、スモークチキンと合わせたり、食後酒としても楽しめる。

スーパー＆コンビニで買える 定番人気銘柄レビュー

スーパーやコンビニで手軽に購入でき、デイリーに楽しめる焼酎のそれぞれの特徴を、引き続き長田さんに教えていただいた。

黒霧島

宮崎県／霧島酒造

日本で一番売れている焼酎銘柄

黒麹仕込みの本格芋焼酎。すっきりとした味わいで、初心者でも飲みやすい。

豊

Kurokirishima

Ikkomon

Satsumashiranami

一刻者

京都府／宝酒造（販売）
鹿児島県／小牧醸造（製造）

芋100パーセントでまろやかな舌ざわり

米麹を使用せず、芋麹のみを使用した本格焼酎。クセのない香りですっきりと味わえる。

豊

さつま白波

鹿児島県／薩摩酒造

原料の特性を生かした薩摩焼酎の代表銘柄

芋の香りと風味が楽しめる、芋焼酎のスタンダードな味わい。あらゆる飲み方で楽しめる。

豊

Iichiko hitazenkoji

いいちこ日田全麹

大分県／三和酒類

原料は麦麹のみ。やさしい飲み口が◎

100パーセント大麦麹仕込みによりつくられた焼酎。豊かな香りと深いコクが特徴。

豊

Soba unkai

そば雲海

宮崎県／雲海酒造

香りがさわやかなそば焼酎のベストセラー

そば特有の清涼感のある香りとすっきりとした味わい。そば湯で割るのが通の楽しみ方。

軽

Tantakatan

鍛高譚

東京都／オエノングループ合同酒精

さわやかなシソの香りで人気の高い酒

シソの清々しい香りと口当たりの良さが特徴。ロックやソーダ割りで清涼感を味わいたい。

香

Kumejima no kumesen

久米島の久米仙

沖縄県／久米島の久米仙

泡盛のスタンダードな味わいを楽しめる

沖縄県で最も飲まれている銘柄。泡盛らしい、ふくよかで芳醇な味わいと香り高さが特徴。

豊

Zanpa

残波

沖縄県／比嘉酒造

軽い飲み口でビギナーにもおすすめ

クセがなく泡盛初心者にぴったり。軽やかで、沖縄の海のように透明感のある味わい。

軽

ショップで探す う郷土の味

引き立つもの。今回は都内にある九州のアンテナショップにて気軽に郷土の味を楽しむことができるので、ぜひチェックを!

※価格はすべて税込

大分県

「いいちこ」「兼八」ほか、さまざまな個性を持った麦焼酎を製造する大分県。焼酎には名産のカボスをしぼり、郷土のおつまみと共に、一杯。

鮎身うるか(1,337円)

新鮮なアユの身と内臓を塩辛にしたもの。独特のアユの風味が特徴。味噌と合わせて野菜につけるのも◎。

りゅうきゅう
(関あじ/関さば 各823円)

豊後水道でとれるブランド魚、関アジ・関サバの刺身を醤油やみりんにつけた漁師料理。

ゆずごしょう(463円)

唐辛子、ゆず皮、食塩のみを使用したゆずこしょう。刺身やおでん、湯豆腐、鍋物などさまざまな料理を引き立てる万能調味料。

shopdata

坐来大分

住所/東京都中央区銀座2-2-2 ヒューリック西銀座ビル8階
営業時間/11:30〜23:00(土曜は22:00まで。レストランはディナーのみ)
定休日/日曜日、祝日、年末年始、盆、第1土曜日
TEL/03-3563-0322
http://www.zarai.jp

熊本県

日本有数の米焼酎の産地である熊本県。新鮮な野菜や果物、馬刺しや和牛を使った肉料理ほか、名産品がたくさん!

馬ホルモン煮込み、馬すじ煮込み(各802円)

厳選された馬すじ肉、馬肉ホルモンを、時間をかけてじっくりと煮込んだ商品。やわらかい肉のうまみが口のなかで広がる。

くんせい蒲鉾(240円)

そのままでもおいしいかまぼこをじっくり燻製させた料理で、独特の風味ともちもちとした食感が焼酎にぴったり!

からし蓮根(890円)

熊本の代表的な郷土料理として有名なからし蓮根。輪切りにして並べれば、食卓が華やかになること間違いなし。

shopdata

銀座熊本館

住所/東京都中央区銀座5-3-16
営業時間/11:00〜20:00
定休日/月曜日、年末年始(ただし、月曜日が祝休日の場合は営業し、その次にくる平日を臨時休館とする)
TEL/03-3572-1147
http://www.kumamotokan.or.jp

九州アンテナ
焼酎に合

その地域のおつまみと合わせてこそ、それぞれの焼酎の味も
おすすめの商品をご紹介いただいた。現地へ出かけなくても

鹿児島県

芋焼酎が主体であり、奄美地方では黒糖焼酎が
つくられる鹿児島県。風味豊かなそれぞれの
焼酎に合うおつまみがこちら。

さつまあげ各種(85円～)

鹿児島名物さつまあげ。地元では「つけあげ」という愛称で親しまれているまさに郷土の味。お店で調理した出来たても販売している。

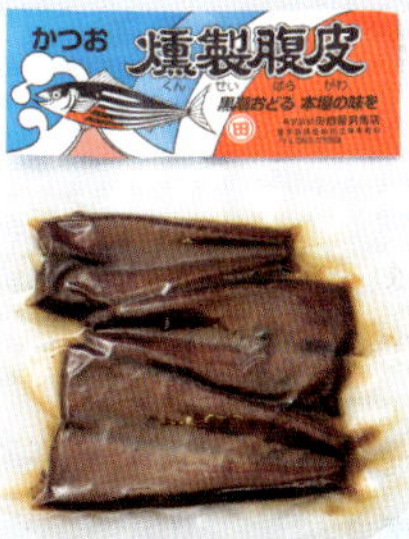

かつお 燻製腹皮(465円)

腹皮とは、マグロでいうトロの部分。カツオの腹身をピリ辛で甘めの秘伝のタレに漬け込み、薪でいぶして仕上げた珍味。

黒糖そら豆
(270グラム954円、
90グラム324円)

揚げたそら豆に黒糖をまとわせた風味豊かな豆菓子。地元の居酒屋などで出されるうちに口コミで広がった逸品。

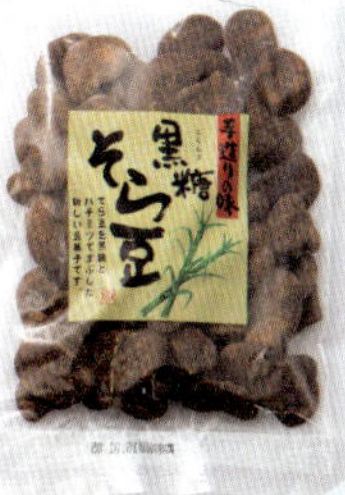

shopdata

かごしま遊楽館
さつまいもの館

住所／東京都千代田区有楽町1-6-4千代田ビル1F
営業時間／10:00～20:00(土日祝日は19:00まで)
定休日／年末年始
TEL／03-3580-8821
https://www.pref.kagoshima.jp/yurakukan

宮崎県

芋焼酎だけでなく、地域によってさまざまな焼酎が飲まれている宮崎県。
和牛日本一に輝いた高千穂牛ほか、現地の食材を使ったおつまみも種類豊富。

高千穂牛肉味噌(各994円)

無添加の手づくり味噌と、内閣総理大臣賞を受賞した高千穂牛を贅沢に使用した肉味噌。牛肉の旨味がしっかりと感じられ、美味(期間限定商品)。

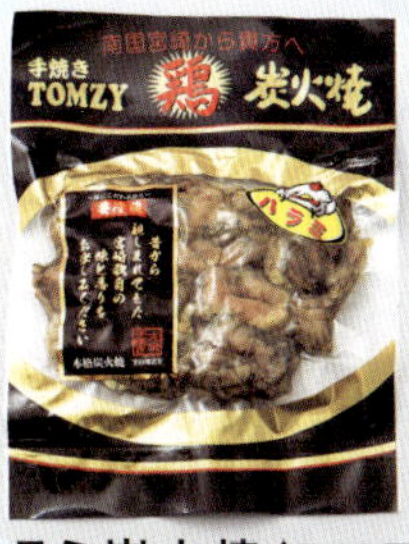

鶏ハラミ炭火焼(540円)

一羽の鶏からわずかしかとれない希少な部位を炭火で焼き上げた贅沢な品。もっちもちの食感でお店のスタッフの間でも大人気だという。

たくあん缶、宮崎の焼酎に合う
割干し大根漬(各390円)

干し大根を使用した漬けもの。漬けものとしては珍しい缶詰タイプで、保存だけでなくお土産にも最適。外国人にも人気。

shopdata

新宿みやざき館
KONNE

住所／東京都渋谷区代々木2-2-1 新宿サザンテラス内
営業時間／10:00～20:00(物品販売)
定休日／不定休
Tel／03-5333-7764
http://www.konne.jp

◎編集
春山弘史
丸茂アンテナ

◎執筆
小林ていじ
藤森優香
丸茂アンテナ

◎撮影
シロタコウジ
中田浩資
松隈直樹

◎イラスト
大崎メグミ

◎デザイン
高木タカヒロ（株式会社 T.D.O.）
井上浩太郎（株式会社 T.D.O.）

◎監修協力
長田 卓（NPO法人FBO研究室長）
中村尚吾（Sho-Chu AUTHORITY）

本当に旨い
おとなの焼酎

平成27年12月24日　第1刷

編　著　彩図社編集部
発行人　山田有司
発行所　株式会社　彩図社
東京都豊島区南大塚3-24-4
MTビル　〒170-0005
TEL:03-5985-8213　FAX:03-5985-8224
印刷所　シナノ印刷株式会社
U R L　http://www.saiz.co.jp
Twitter　https://twitter.com/saiz_sha

 ISBN978-4-8013-0115-3 C0058